国家新闻出版改革发展项目库入库项目
高 等 院 校 计 算 机 类 规 划 教 材
全国高等院校计算机基础教育研究会重点立项项目

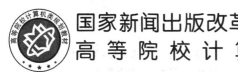

Java 语言程序设计

主　编　王全新
副主编　王志海　杨　沫

北京邮电大学出版社
www.buptpress.com

内容简介

本书围绕面向对象的三大机制(封装、继承、多态),从介绍类和对象等基本概念出发,结合作者多年教学经验,循序渐进地讲解了面向对象思想、集合、流、线程和网络编程等内容;同时,配有大量的实例介绍,有助于读者不断领悟相关概念的内涵。

全书共分为 9 章,主要内容包括搭建 IDE 环境,Java 编程基础,面向对象程序设计(上),面向对象程序设计(下),Java 中常用类、Java 集合、泛型和枚举,输入、输出流,Java 多线程编程和 Java 网络编程。每个章节配有相应习题,便于读者巩固所学内容。

本书可作为本科或高职高专计算机科学与技术、电子商务、信息系统与信息管理、软件工程等专业的 Java 语言程序设计课程的教材,也可作为 Java 语言程序设计自学者的理想用书。

图书在版编目(CIP)数据

Java 语言程序设计 / 王全新主编. -- 北京:北京邮电大学出版社,2020.8
ISBN 978-7-5635-6167-4

Ⅰ. ①J… Ⅱ. ①王… Ⅲ. ①JAVA 语言—程序设计 Ⅳ. ①TP312.8

中国版本图书馆 CIP 数据核字(2020)第 134929 号

策划编辑:刘纳新　　责任编辑:廖　娟　　封面设计:七星博纳

出版发行	北京邮电大学出版社
社　　址	北京市海淀区西土城路 10 号
邮政编码	100876
发 行 部	电话:010-62282185　传真:010-62283578
E-mail	publish@bupt.edu.cn
经　　销	各地新华书店
印　　刷	保定市中画美凯印刷有限公司
开　　本	787 mm×1 092 mm　1/16
印　　张	15.25
字　　数	401 千字
版　　次	2020 年 8 月第 1 版
印　　次	2020 年 8 月第 1 次印刷

ISBN 978-7-5635-6167-4　　　　　　　　　　　　　　　定价:39.00 元

・如有印装质量问题,请与北京邮电大学出版社发行部联系・

前　言

Java是当前流行的一种程序设计语言,具有简单、平台无关、面向对象、多线程和强有力的网络支持等特点,自问世以来便受到广大编程人员的喜爱。在当下的网络时代,Java已经成为编写各类应用程序的首选语言,从大型复杂的企业级开发到小型移动设备的开发,随处可见Java语言的身影,并且"Java程序设计"课程已经成为高校计算机类专业的一门重要课程。

本书以培养应用型人才为目标,对Java语言的基础内容进行了精心挑选和安排,每章配有大量的例题和习题,循序渐进地讲解Java SE体系的相关内容。本书共分为9章,各章的内容介绍如下:

第1章为搭建IDE环境,从介绍Java语言的特点入手,重点讲解了JDK的安装、环境变量path的作用及配置;使用记事本编写、编译及运行Java程序的过程;最后介绍了如何使用IntelliJ IDEA开发Java项目。

第2章为Java编程基础,主要介绍面向对象编程中的两个核心概念,即"类"和"对象";重点讲解类的定义、对象的创建和使用;从类体中包含成员变量和成员方法两部分入手,在类的成员变量一节中讲解了数据类型、常量、变量、数据类型转换等基础知识;在类的成员方法一节中讲解了各种运算符、语句、数组等基础知识。

第3章为面向对象程序设计(上),从类体中包含成员变量和成员方法两部分入手,重点讲解了类体中变量的分类及各种变量的特点;类体中方法的分类及各种方法的特点;介绍了this关键字;包的概念、import语句及访问权限修饰符。

第4章为面向对象程序设计(下),主要介绍面向对象编程中的两个核心特性,即"继承"和"多态";重点讲解了构造方法的调用,成员变量的隐藏及方法的重写;通过上转型对象引入了多态的概念;介绍了抽象类和接口的区别;介绍了匿名类的用法。

第5章为Java中常用类,主要介绍JDK提供的一些常用类的使用,包括Object类、String类、StringBuffer类、包装类、Math类、Random类、Data类、Calendar类及异常类;重点讲解Java语言中的异常处理机制。

第6章为Java集合、泛型和枚举,主要介绍了List集合、Set集合、Map集合的特点及各个实现类的特点;泛型的概念、泛型接口、泛型方法、泛型通配符等的使用;枚举的概念、枚举实现接口等内容。

第 7 章为输入、输出流,主要介绍了流的概念;File 类的使用;各种字节流;各种字符流。

第 8 章为 Java 多线程编程,主要介绍了多线程的概念;实现线程的两种方式;线程的生命周期及状态;多线程的同步机制;线程的优先级。

第 9 章为 Java 网络编程,主要介绍了网络协议、套接字和端口;TCP 通信和 UDP 通信。

本书的所有示例代码均可在 IntelliJ IDEA 和 JDK1.8 上通过编译和正常运行。

本书第 1~5 章由王全新编写,第 6~9 章由杨沫编写,全书由王志海统一审定。

尽管书稿几经修改,但由于编者水平有限,书中不妥和错误之处在所难免,敬请各位同行和广大读者批评指正,我们将不胜感激。

编　者
2020 年 1 月
于北京交通大学海滨学院

目 录

第1章 搭建 IDE 环境 ··· 1

1.1 Java 语言简介 ··· 1

1.2 JDK 的下载 ··· 2

1.3 JDK 的安装 ··· 3

1.4 JDK 目录介绍 ··· 5

1.5 使用记事本编写 Java 的第一个程序 ··· 6

1.6 配置 path 变量 ··· 7

1.7 IntelliJ IDEA 开发 Java 项目 ·· 10

1.8 Java 中的注释 ··· 13

1.9 本章小结 ··· 16

本章习题 ··· 16

第2章 Java 编程基础 ··· 19

2.1 对象和类的概念 ··· 19

    2.1.1 对象的概念 ··· 19

    2.1.2 类的概念 ··· 20

2.2 类的定义和对象的创建 ··· 20

    2.2.1 类的定义 ··· 20

    2.2.2 对象的创建 ··· 21

    2.2.3 对象的使用 ··· 23

2.3 类的成员变量 ··· 23

    2.3.1 数据类型 ··· 23

    2.3.2 常量值和常量 ··· 24

    2.3.3 变量 ··· 25

2.3.4　数据类型之间的转换 ································ 25
2.4　类的成员方法 ··· 26
　　2.4.1　Java 中的各种运算符 ································ 26
　　2.4.2　Java 中顺序结构的语句 ····························· 28
　　2.4.3　Java 中的选择语句 ·································· 29
　　2.4.4　Java 中的循环语句 ·································· 33
　　2.4.5　数组和 foreach 语句 ································· 35
　　2.4.6　IDEA 中模拟"人机'石头剪刀布'"游戏 ········· 37
2.5　本章小结 ··· 41
本章习题 ·· 41

第 3 章　面向对象程序设计（上） ······························ 47

3.1　类体中的变量 ··· 47
　　3.1.1　成员变量 ··· 47
　　3.1.2　局部变量 ··· 52
3.2　类体中的方法 ··· 52
　　3.2.1　静态方法和实例方法 ······························· 53
　　3.2.2　构造方法 ··· 54
　　3.2.3　方法重载 ··· 55
3.3　this 关键字 ·· 56
　　3.3.1　在构造方法中使用 this ···························· 56
　　3.3.2　在实例方法中使用 this ···························· 57
3.4　包 ·· 58
　　3.4.1　包的概念 ··· 58
　　3.4.2　import 语句 ······································· 59
　　3.4.3　访问控制符 ······································· 59
3.5　本章小结 ··· 61
本章习题 ·· 62

第 4 章　面向对象程序设计（下） ······························ 66

4.1　类的继承 ··· 66
　　4.1.1　"子类"和"父类" ······························ 66

4.1.2 继承中构造方法的调用 ……………………………………………………………… 70
   4.1.3 继承中成员变量的隐藏 ……………………………………………………………… 75
   4.1.4 继承中成员方法的重写 ……………………………………………………………… 76
   4.1.5 继承中的上转型 ……………………………………………………………………… 78
   4.1.6 继承中的多态 ………………………………………………………………………… 80
 4.2 抽象类 …………………………………………………………………………………………… 81
   4.2.1 抽象方法 ……………………………………………………………………………… 81
   4.2.2 抽象类 ………………………………………………………………………………… 82
 4.3 接口 ……………………………………………………………………………………………… 84
   4.3.1 接口的定义 …………………………………………………………………………… 84
   4.3.2 接口的实现 …………………………………………………………………………… 85
   4.3.3 接口与抽象类 ………………………………………………………………………… 85
   4.3.4 接口的回调 …………………………………………………………………………… 89
   4.3.5 内部类 ………………………………………………………………………………… 92
   4.3.6 匿名内部类 …………………………………………………………………………… 94
 4.4 本章小结 ………………………………………………………………………………………… 96
 本章习题 ……………………………………………………………………………………………… 96

第5章 Java中常用类 …………………………………………………………………………… 100

 5.1 始祖类 Object …………………………………………………………………………………… 100
 5.2 String 类和 StringBuffer 类 ……………………………………………………………………… 103
   5.2.1 String 类的初始化 …………………………………………………………………… 103
   5.2.2 String 类的常用方法 ………………………………………………………………… 105
   5.2.3 StringBuffer 类 ……………………………………………………………………… 107
   5.2.4 Java 中的正则表达式 ………………………………………………………………… 110
 5.3 包装类 …………………………………………………………………………………………… 113
 5.4 Math 和 Random 类 …………………………………………………………………………… 114
 5.5 时间和日期类 …………………………………………………………………………………… 116
   5.5.1 Date 类和 SimpleDateFormat 类 ………………………………………………… 116
   5.5.2 Calendar 类 ………………………………………………………………………… 117
 5.6 异常类 …………………………………………………………………………………………… 120
   5.6.1 异常概述 ……………………………………………………………………………… 120

        5.6.2　异常处理 ·· 121

    5.7　本章小结 ··· 126

本章习题 ··· 126

第6章　Java集合、泛型和枚举

    6.1　Java集合类的概念 ·· 129

        6.1.1　集合中的接口 ·· 130

        6.1.2　接口实现类 ·· 130

    6.2　Java Collection接口 ·· 131

    6.3　Java List集合 ·· 131

        6.3.1　ArrayList类 ·· 131

        6.3.2　LinkedList类 ·· 136

    6.4　Java Set集合 ··· 137

        6.4.1　HashSet类 ·· 137

        6.4.2　TreeSet类 ·· 139

    6.5　Java Map集合 ·· 142

        6.5.1　HashMap类 ·· 142

        6.5.2　TreeMap类 ·· 144

    6.6　泛型集合 ··· 146

        6.6.1　泛型的概念 ·· 146

        6.6.2　泛型类 ·· 147

        6.6.3　泛型接口 ·· 149

        6.6.4　泛型方法 ·· 150

    6.7　Java图书信息查询 ··· 151

    6.8　本章小结 ··· 156

本章习题 ··· 156

第7章　输入/输出流

    7.1　File类 ·· 158

        7.1.1　获取文件属性 ·· 159

        7.1.2　创建和删除文件 ··· 161

        7.1.3　创建和删除目录 ··· 161

		7.1.4 遍历目录	162

- 7.2 Java RandomAccessFile 类 ………………………………………………… 163
- 7.3 什么是输入/输出流 …………………………………………………………… 166
  - 7.3.1 输入流 ……………………………………………………………………… 167
  - 7.3.2 输出流 ……………………………………………………………………… 168
  - 7.3.3 Java 系统流 ……………………………………………………………… 169
- 7.4 Java 字节流的使用 …………………………………………………………… 170
  - 7.4.1 字节输入流 ………………………………………………………………… 171
  - 7.4.2 字节输出流 ………………………………………………………………… 171
  - 7.4.3 字节数组输入流 …………………………………………………………… 172
  - 7.4.4 字节数组输出流 …………………………………………………………… 173
  - 7.4.5 文件输入流 ………………………………………………………………… 174
  - 7.4.6 文件输出流 ………………………………………………………………… 177
  - 7.4.7 数据输入流 ………………………………………………………………… 179
  - 7.4.8 数据输出流 ………………………………………………………………… 180
- 7.5 Java 字符流的使用 …………………………………………………………… 181
  - 7.5.1 字符输入流 ………………………………………………………………… 182
  - 7.5.2 字符输出流 ………………………………………………………………… 182
  - 7.5.3 字符文件输入流 …………………………………………………………… 183
  - 7.5.4 字符文件输出流 …………………………………………………………… 184
  - 7.5.5 字符缓冲区输入流 ………………………………………………………… 186
  - 7.5.6 字符缓冲区输出流 ………………………………………………………… 188
  - 7.5.7 Java 保存图书信息 ………………………………………………………… 188
- 7.6 本章小结 ……………………………………………………………………… 191
- 本章习题 …………………………………………………………………………… 192

第 8 章 Java 多线程编程 …………………………………………………………… 194

- 8.1 Java 线程的概念 ……………………………………………………………… 194
- 8.2 Java 多线程的实现方式 ……………………………………………………… 196
  - 8.2.1 继承 Thread 类 …………………………………………………………… 196
  - 8.2.2 实现 Runnable 接口 ……………………………………………………… 201
- 8.3 Java 多线程之间访问实例变量 ……………………………………………… 202

8.4　Java 多线程的同步机制 …… 206

8.5　本章小结 …… 207

本章习题 …… 208

第 9 章　Java 网络编程 …… 209

9.1　Java 网络编程基础知识 …… 209

    9.1.1　网络协议 …… 210

    9.1.2　套接字和端口 …… 211

9.2　Java InetAddress 类及其常用方法 …… 212

9.3　Java TCP 通信 …… 214

    9.3.1　ServerSocket 类 …… 214

    9.3.2　Socket 类 …… 216

    9.3.3　客户端与服务器端的简单通信 …… 218

    9.3.4　传输对象数据 …… 221

9.4　Java UDP 通信 …… 226

    9.4.1　DatagramPacket 类 …… 226

    9.4.2　DatagramSocket 类 …… 227

9.5　本章小结 …… 230

本章习题 …… 231

附录　习题答案 …… 232

参考文献 …… 234

第 1 章　搭建 IDE 环境

本章学习要点

- 掌握 JDK 的下载与安装；
- 掌握 path 变量的配置；
- 掌握使用记事本编写、编译和运行 Java 程序；
- 掌握使用 IntelliJ IDEA 编写、编译和运行 Java 程序；
- 理解 path 变量的作用；
- 理解 Java 的运行机制。

1.1　Java 语言简介

什么是 Java 语言呢？在认识 Java 语言之前，我们先来回忆一下什么是计算机语言。

计算机语言是人与计算机之间通信的语言，总的来说分为机器语言、汇编语言和高级语言三类。计算机只能识别机器语言，而机器语言都是由 0 和 1 组成的编码，不便于记忆和识别。汇编语言虽然采用了助记符，但与高级语言相比，后者更接近人类的自然语言。所以，高级语言是目前绝大多数编程者的选择，如 C、C++、Python 和 Java 等都是高级语言。

目前，计算机程序设计行业中主要有面向过程思想和面向对象思想两大分支。在面向过程思想中，程序被看作是函数的集合，如 C 语言体现的就是面向过程思想。在面向对象思想中，程序被看作是"对象"的集合，数据和相关操作被封装在某个类里。如 Java、Python 等语言体现的就是面向对象思想。

Java 语言是一门类 C 的编程语言，很多关键字、基础语法和 C 语言是一样的，在吸收了 C 语言和 C++语言优点的同时，去掉了其中一些复杂的概念，如指针、多继承等。

Java 是当今世界最重要、使用最广泛的计算机语言之一。全球每天有超过百万的开发者在用 Java 进行各式各样的程序开发。发展至今，Java 的体系架构根据不同级别的应用开发区分了不同的应用版本：Java SE、Java EE 和 Java ME，其中 Java SE 称为 Java 平台标准版，主要用于开发 Java 桌面应用程序和低端的服务器应用程序；Java EE 称为 Java 平台企业版，主要用于构建企业级的服务应用，在 Java SE 基础上，增加了附加类库，可以支持目录管理、交易管理和企业级消息处理等功能；Java ME 称为 Java 平台微型版，主要用于嵌入式的消费产品中，如移动电话、掌上电脑等无线设备中。

Java SE 是各应用平台的基础，要想学习 Java EE 和 Java ME，必须先要学习 Java SE，而本书主要介绍的就是 Java SE。Java SE 可以分为四个主要的部分：JVM、JRE、JDK 和 Java 语言。

要想运行用 Java 编写好的程序,JVM 必不可少。JVM(Java Virtual Machine)叫 Java 虚拟机,包括在 Java 执行环境(Java SE Runtime Enviroment,JRE)中,所以要运行 Java 程序,就必须先安装 JRE,而 JRE 又包括在 JDK 中。JDK(Java SE Development Kits)称为 Java 开发工具包,包括 JRE 及开发过程中需要的一些工具程序,如 javac、java 等。

1.2 JDK 的下载

本书使用的 JDK 版本是 Java SE。最新的 JDK,可以在 Oracle 官网下载。

(1) 打开网址。

打开 https://www.oracle.com/technetwork/java/javase/downloads/index.html 看到如下页面(写到此章节时,Java SE 12.0.2 是 JDK 的最新版本),如图 1-1 所示。

图 1-1　JDK 下载页面

(2) 下拉图 1-1 显示的页面,找到 Java SE 8u221,这是 JDK8,也是本书要用到的版本。

(3) 单击图 1-2 中 JDK 下的"DOWNLOAD"按钮。进入 JDK8 的下载页面,如图 1-3 所示。

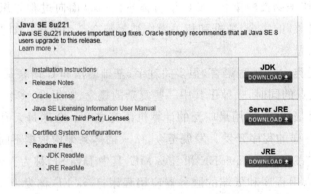

图 1-2　JDK8 的下载链接页面

(4) 下拉 JDK8 的下载页面,就会看到 JDK8 的下载链接(如图 1-4 所示)。选中 Accept License Agreement,根据系统选择相应的 JDK。本书选择的是 Windows X64 的安装包。单击"jdk-8u221-windows-x64.exe"。此时需要登录 Oracle 的账户才可以下载,如果没有 Oracle 账户,注册完账户,登录后即可下载。

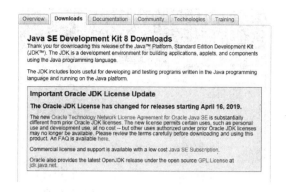

图 1-3　JDK8 的下载页面

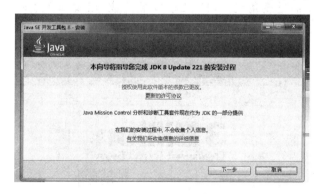

图 1-4　JDK8 下载链接

1.3　JDK 的安装

（1）双击"jdk-8u221-windows-x64.exe"，弹出如图 1-5 所示的对话框，单击"下一步"。

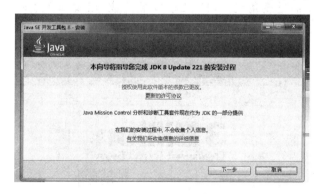

图 1-5　JDK 安装向导

（2）在如图 1-5 所示的对话框中单击"下一步"，稍等片刻，出现如图 1-6 所示的对话框。在该对话框中有路径：C:\Program Files\Java\jdk1.8.0_221\，此路径即为 JDK 的安装路径，不建议修改该路径，而且要记住该路径，用于环境变量的配置。单击"下一步"。

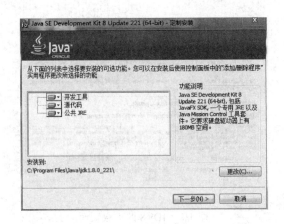

图 1-6　JDK 的安装路径

（3）在如图 1-6 所示的对话框中单击"下一步"，稍等片刻，出现如图 1-7 所示的对话框。在该对话框中有路径：C:\Program Files\Java\jre1.8.0_221，此路径即为 JRE 的安装路径，不建议修改该路径。

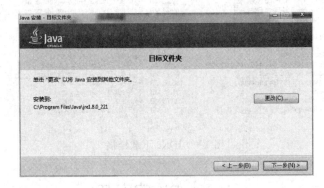

图 1-7　JRE 的安装路径

（4）在如图 1-7 所示的对话框中单击"下一步"，出现安装页面。

（5）等待图 1-8 中的进度条走完，即 JDK 安装完成，出现如图 1-9 所示的对话框。单击"关闭"，完成 JDK 的安装。

图 1-8　JDK 的安装进度

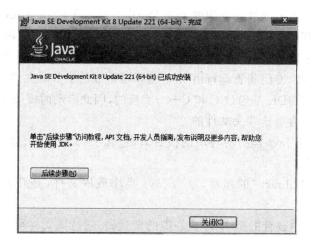

图 1-9　JDK 安装完毕

（6）安装完 JDK 之后，打开 C:\Program Files\Java，可以看到两个文件夹，即表示 JDK 安装成功。如图 1-10 所示。

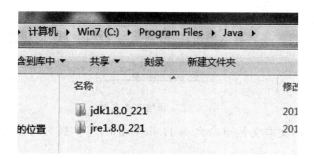

图 1-10　JDK 安装路径

1.4　JDK 目录介绍

打开如图 1-10 所示对话框中的 jdk1.8.0_221 文件夹，如图 1-11 所示，即为 JDK 的安装目录。下面对该目录做简单的介绍。

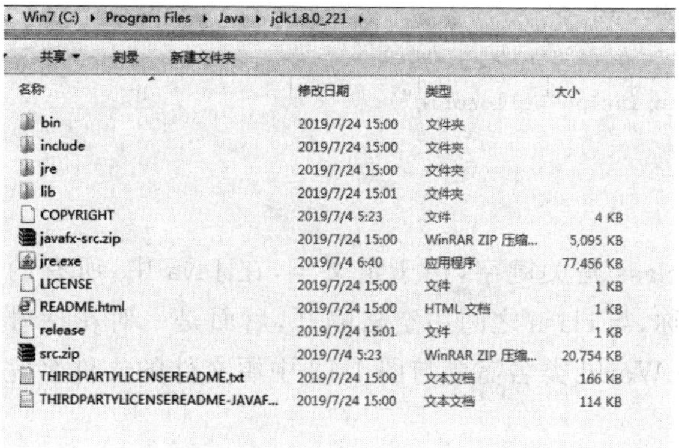

图 1-11　JDK 的安装目录

bin 目录：该目录用于存放一些可执行程序，其中最重要的就是 javac.exe 和 java.exe。javac.exe 是 Java 编译器工具，可以将编写好的 Java 源文件（.java）编译成 Java 字节码文件（.class）。java.exe 是 Java 的运行工具，会启动一个 Java 虚拟机（JVM）进程，Java 虚拟机相当于一个虚拟的操作系统，专门负责运行由 Java 编译器生成的字节码文件（.class 文件）。

include 目录：由于 JDK 是通过 C 和 C++ 实现的，因此启动时需要引入一些 C 语言的头文件，该目录就是用于存放这些头文件的。

jre 目录：此目录是 Java 运行时环境的根目录，包含 Java 虚拟机、运行时的类包和 bin 目录，但不包含开发工具。

lib 目录："lib" 是 "library" 的缩写，意为 Java 类库或库文件，是开发工具使用的归档包文件。

src.zip 文件：src 中放置的是 JDK 核心类的源代码，通过该文件可以查看 Java 基础类的源代码。

1.5 使用记事本编写 Java 的第一个程序

（1）在 C:\Program Files\Java\jdk1.8.0_221\bin 文件夹下新建文本文档，如图 1-12 所示。特别提醒，一定要将扩展名显示出来，能看到文本文档的 .txt 扩展名。

图 1-12　新建文本文档

（2）将图 1-12 中的文本文档重命名为 HelloWorld，将扩展名 .txt 改为 .java。如图 1-13 所示。

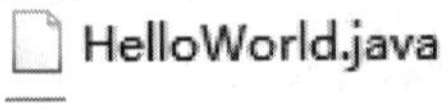

图 1-13　HelloWorld 源文件

（3）用记事本打开图 1-13 中的文件，并输入如下程序代码。特别提醒，其中的 1、2、3、4、5 为代码行数，不属于代码的一部分。

```
1  public class HelloWorld{
2    public static void main(String[] args){
3        System.out.println("HelloWorld");
4    }
5  }
```

第 1 行代码中的 class 是关键字，用于定义类，在 Java 中，所有的代码都需要写在类中。HelloWorld 是类的名称，与 class 之间用空格隔开，后面是一对花括号，定义了当前类的管辖范围。特别注意，HelloWorld 类名需要与图 1-13 中源文件的文件名完全一致，包括字母的大小写。

第 2 行代码的 "public static void main(String[] args){}" 定义了一个 main 方法，该方法是 Java 程序的执行入口，程序将从 main 方法所属大括号内的代码开始执行。

第 3 行代码的 System.out.println("HelloWorld")语句的作用是打印信息,执行该语句会在命令行窗口打印"HelloWorld"。

(4) 在源文件"HelloWorld.java"所在的地址栏内输入"cmd"然后回车,弹出如图 1-14 所示的命令行窗口,该窗口所显示的当前路径即为源文件"HelloWorld.java"的路径。

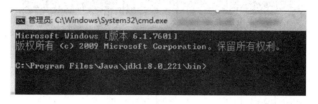

图 1-14　命令行窗口

(5) 在如图 1-14 所示的命令行窗口中输入"javac HelloWorld.java",回车后会看到在 HelloWorld.java 源文件的路径下产生了一个同名的.class 文件,即 HelloWorld.class 文件,表示源文件编译通过,在 javac 和 HelloWorld.java 之间有一个空格。

(6) 继续第(5)步,在如图 1-14 所示的命令行窗口中输入"java Helloworld",回车后看到程序的输出结果,如图 1-15 所示。在此处特别提醒两点:第一,在 java 和 HelloWorld 之间同样有一个空格;第二,java 命令后的是 HelloWord,没有.class 扩展名。

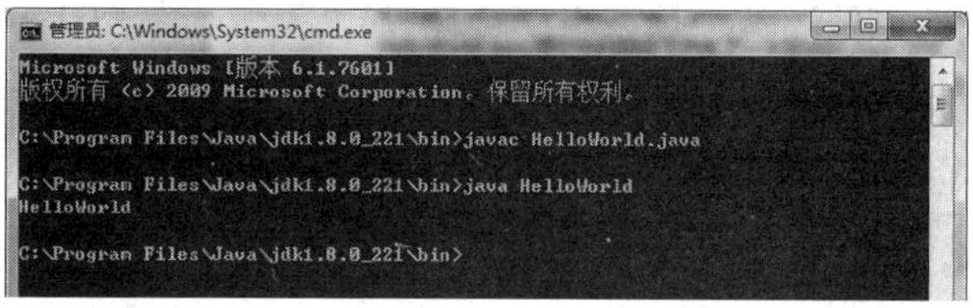

图 1-15　java 命令运行 HelloWorld.class 文件

总结第(1)~(6)步,就是 Java 语言应用程序的设计过程,该过程分为三个大的步骤:编写源文件、编译源文件和解释运行字节码文件。

1.6　配置 path 变量

1.5 节中,我们是在 C:\Program Files\Java\jdk1.8.0_221\bin 目录下编写的 HelloWorld.java,但在实际开发中,我们更需要把源文件放在另外的路径下。现在我们将 HelloWorld.java 剪切到 D:\java book 目录下,同时将 C:\Program Files \Java\jdk1.8.0_221 \bin 目录下的 HelloWorld.class 文件删除。HelloWorld.java 文件路径如图 1-16 所示。

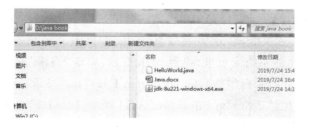

图 1-16　HelloWorld.java 文件路径

在如图 1-16 所示的地址栏内输出 cmd 命令,打开命令行窗口,输入 javac HelloWorld.java,然后回车,出现如图 1-17 所示的结果。提示 javac 不是内部或外部命令。

图 1-17　找不到 javac 命令

这是因为在 D:\java book 目录下,找不到 javac 命令。在 1.5 节中,我们知道 javac.exe 在 JDK 安装目录的 bin 目录下,所以在图 1-16 中 javac 命令没有报错误。那么,能否在任意目录下都能运行 javac 命令呢?答案是肯定的,这就需要配置 path 变量。

path 环境变量是系统环境变量的一种,用于保存一系列的路径,每个路径之间以分号隔开。当在命令行窗口运行一个可执行文件时,操作系统首先会在当前目录下查找该文件是否存在,如果不存在,会继续在 path 环境变量中定义的路径下寻找文件,如果仍未找到,系统会报如图 1-17 所示的错误。那我们只需要在 path 变量中添加 javac.exe 和 java.exe 两个命令的安装路径即可,下面介绍如何配置 path 变量的值。

(1) 右键单击"我的电脑",从下拉菜单中选择"属性",弹出如图 1-18 所示的系统对话框。

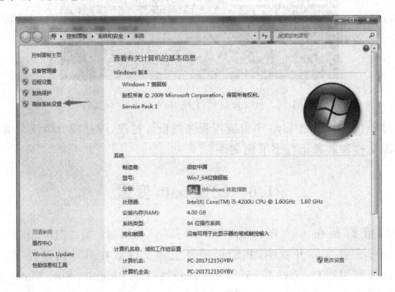

图 1-18　系统对话框

(2) 在图 1-18 所示的系统对话框中单击箭头处的高级系统设置,弹出图 1-19 所示的系统属性窗口。选择"高级"选项卡,单击"环境变量"按钮,弹出图 1-20 所示的环境变量窗口。

(3) 在图 1-20 所示的系统变量里,找到 path 变量,单击"编辑"按钮,弹出图 1-21 所示的编辑系统变量,在变量值的后面添加";C:\Program Files\Java\jdk1.8.0_221\bin"即可。在此提醒两点:第一,在"C:\Program Files\Java\jdk1.8.0_221\bin"之前有一个分号,以便与 path 变量已有的值分开;第二,"C:\Program Files \ java\ jdk1.8.0_221\bin"为本书 JDK 的 bin 目录路径,读者需要替换成自己的 bin 目录路径。

图1-19　系统属性

图1-20　环境变量

图1-21　编辑系统变量

（4）单击三次"确定"按钮，关闭所有设置窗口，至此，path 变量配置完成。此时，需要在 D:\java book 目录所在的地址栏内重新输入 cmd 命令，打开一个新的命令行窗口，输入 javac HelloWorld.java，就会看到编译通过，同时在 D:\java book 目录下产生了 HelloWorld.class 文件，如图1-22所示。

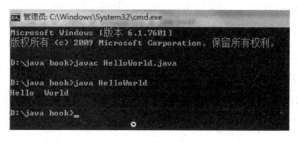
图1-22　编译通过

特别提示两点：第一，配置完 path 变量后，如果接着在图 1-19 所示的命令行窗口内输入 javac HelloWorld.java 后回车，还是会报"javac 不是内部或者外部命令"的错误，此时，需要重新打开新的命令行窗口。第二，因为 HelloWorld.java 文件在 D:\java book 目录下，所以需要在 D:\java book 目录所在的地址栏内重新输入 cmd 命令，这样保证打开的命令行窗口的路径即为 D:\java book，如图 1-22 所示。如果命令行窗口中的路径不是 D:\java book，运行 javac HelloWorld.java 命令则会报如图 1-23 所示的错误。这是因为在 C:\Users\Administrator 目录下没有 HelloWorld.java 文件。

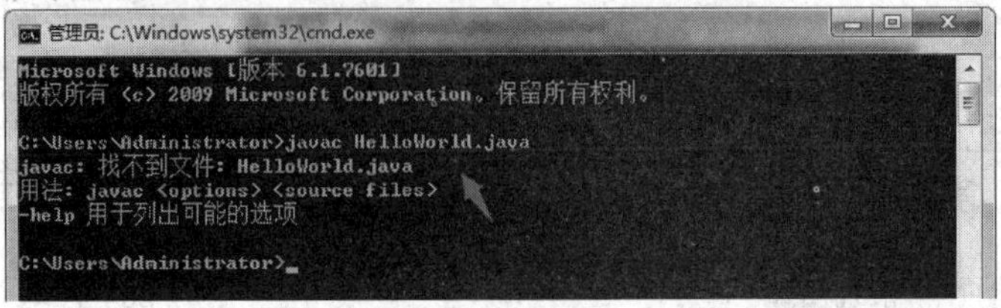

图 1-23　找不到类文件错误

学习完 1.5 节和 1.6 节之后，我们来总结一下 Java 程序的运行机制。Java 程序运行时，必须经过编译和运行两个步骤。

第一，使用 javac 命令开启 Java 编译器并对源文件(.java)进行编译，编译通过后，会产生对应的字节码文件(.class)。第二，使用 java 命令启动 JVM 来运行程序。JVM 虚拟机首先将编译好的字节码文件加载到内存，这个过程被称为类的加载，是由类加载器完成的；然后 JVM 解释执行字节码文件，即可看到运行结果。

由此可见，Java 程序是 JVM 负责解释执行的，而不是操作系统。我们只需要在不同的操作系统上安装对应版本的 JVM，就可以实现在不同操作系统上运行同一个 Java 程序，这就是 Java 的跨平台特性。

1.7　IntelliJ IDEA 开发 Java 项目

IntelliJ IDEA 简称 IDEA，是 Java 编程语言开发的集成环境。在业界，IntelliJ IDEA 是公认的好用的 Java 开发工具之一，尤其在智能代码助手、代码自动提示、重构、J2EE 支持、各类版本工具(git、svn 等)、JUnit、CVS 整合、代码分析、创新的 GUI 设计等方面的功能可以说是超常的。下载网址为 https://www.jetbrains.com/idea/。

IDEA 有两个版本：Ultimate 和 Community。其中，Ultimate 是针对 Web 开发的版本，Community 是针对 Java 和 Android 开发的版本。本书选择 Community 版本。该软件的安装很简单，直接单击"next"，直到最后单击"finish"按钮即可。

下面简单介绍使用 IntelliJ IDEA 开发 Java 项目的过程。

(1) 双击打开 IDEA，弹出的窗口如图 1-24 所示，选择"Do not import settings"，单击"OK"按钮。

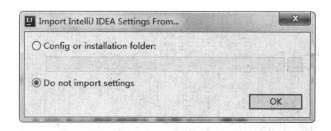

图 1-24　IntelliJ IDEA 设置

（2）单击图 1-24 中的"OK"按钮之后，在弹出的页面中选择"接受协议"，单击"continue"按钮，弹出如图 1-25 所示页面。

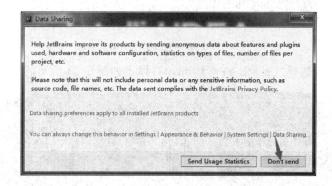

图 1-25　IntelliJ IDEA 创建 Java 项目

（3）单击图 1-25 对话框中的"Don't send"，弹出如图 1-26 所示的页面。

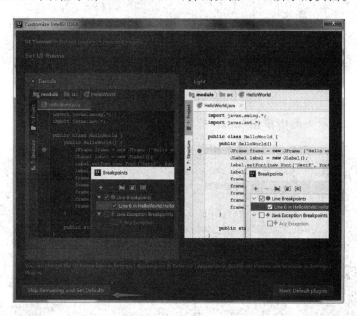

图 1-26　IntelliJ IDEA 创建 Java 项目

（4）在图 1-26 中，选择自己喜欢的页面风格，然后选择"skip Remaining and set Defaults"。弹出如图 1-27 所示的页面。

图 1-27　IntelliJ IDEA 创建 Java 项目

（5）在图 1-27 中，选择"Create New Project"，弹出如图 1-28 所示的页面。

图 1-28　IntelliJ IDEA 创建 Java 项目

（6）在图 1-28 所示页面中单击"next"按钮，弹出如图 1-29 所示的页面。

图 1-29　IDEA 创建 Java 项目

(7) 在图 1-29 中,"Project name"为项目名称,"Project location"为项目存放路径。输入项目名称为 HelloWorld,项目存放路径为 D:\java book\HelloWorld,单击"Finish"按钮,至此,HelloWorld 的项目创建成功。如图 1-30 所示。

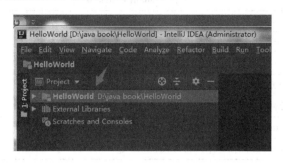

图 1-30　HelloWorld 创建成功

(8) 右键单击"src",在弹出菜单中选择"new"→"Java class",在弹出的窗口中输入 HelloWorld,在下拉框中选择"class",回车即完成类的创建,在 HelloWorld.java 文件中输入代码。如图 1-31 所示。

图 1-31　编辑源文件

(9) 在图 1-31 中的"HelloWorld.java"文件空白处右键单击,在弹出菜单中选择 Run 'HelloWorld.main()'即可看到程序的运行结果。

1.8　Java 中的注释

注释是为了让他人看懂程序,是对程序的某个功能或者某行代码的解释说明。注释只在源文件内有效,不会被编译到字节码文件中。Java 中的注释分为以下三种。

1. 单行注释

单行注释通常用于对某一行代码进行解释,用符号"//"表示。如:

```
System.out.println("HelloWorld");        //此语句向控制台输出 HelloWorld
```

2. 多行注释

多行注释可以注释多行内容,以"/*"开始,"*/"结束。

3. 文档注释

文档注释是对一段代码概括性的解释说明,以"/**"开始,"*/"结束。文档注释允许程序中嵌入关于程序的信息,可以使用 javadoc 工具软件来生成信息,并输出到 HTML 文件中。

文档注释更加方便地记录程序信息，也方便他人看懂程序。

Javadoc 工具识别的部分标签如表 1-1 所示。

表 1-1　Javadoc 所识别的标签

标　签	描　述	示　例
@author	标识一个类的作者	@author description
@exception	标志一个类抛出的异常	@exception exception-name explanation
@param	说明一个方法的参数	@param parameter-name explanation
@return	说明返回值类型	@return explanation
@throws	和 @exception 标签一样	The @throws tag has the same meaning as the @exception tag
@version	指定类的版本	@version info

在开始的 /** 之后，第一行或几行是关于类、变量和方法的主要描述。之后，你可以包含一个或多个各种各样的 @ 标签。每一个 @ 标签必须在一个新行的开始或者在一行的开始紧跟星号(*)。多个相同类型的标签应该放成一组。例如，如果你有三个 @see 标签，可以将它们一个接一个地放在一起。例如：

```
/**
* 这个类绘制一个条形图
* @author runoob
* @version 1.2
*/
```

javadoc 工具将 Java 程序的源代码作为输入，输出一些包含程序注释的 HTML 文件。每一个类的信息将在独自的 HTML 文件里。javadoc 也可以输出继承的树形结构和索引。由于 javadoc 的实现不同，工作也可能不同，这需要检查 Java 开发系统的版本等细节，选择合适的 Javadoc 版本。

【例 1-1】 有如下带有文档说明的源程序，请使用 javadoc 命令生成该程序的说明文档。

```
1   import java.io.*;
2   /**
3   * 这个类演示了文档注释
4   * @author Ayan Amhed
5   * @version 1.2
6   */
7   public class SquareNum {
8     /**
9     * This method returns the square of num.
10    * This is a multiline description. You can use
11    * as many lines as you like.
12    * @param num The value to be squared.
13    * @return num squared.
14    */
15    public double square(double num) {
```

```java
16        return num * num;
17    }
18    /**
19     * This method inputs a number from the user.
20     * @return The value input as a double.
21     * @exception IOException On input error.
22     * @see IOException
23     */
24    public double getNumber() throws IOException {
25        InputStreamReader isr = new InputStreamReader(System.in);
26        BufferedReader inData = new BufferedReader(isr);
27        String str;
28        str = inData.readLine();
29        return (new Double(str)).doubleValue();
30    }
31    /**
32     * This method demonstrates square().
33     * @param args Unused.
34     * @exception IOException On input error.
35     * @see IOException
36     */
37    public static void main(String args[]) throws IOException
38    {
39        SquareNum ob = new SquareNum();
40        double val;
41        System.out.println("Enter value to be squared: ");
42        val = ob.getNumber();
43        val = ob.square(val);
44        System.out.println("Squared value is " + val);
45    }
46 }
```

在"SquareNum.java"文件所在目录的地址栏内,输入cmd,打开命令行窗口,如图1-32所示。

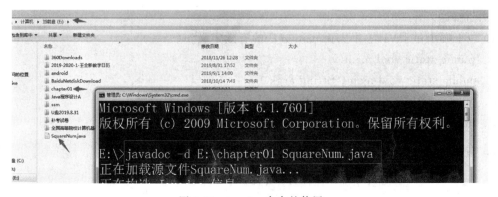

图1-32　javadoc命令的使用

在第 1 个箭头处输入 cmd,可以打开命令行窗口,输入长方形区域内的命令,javadoc 是命令名称,-d 代表输出目录,E:\chapter01 代表生成文档的目录,SquareNum.java 是要生成文档的类。注意四个部分之间要用空格分开。

生成的 chapter01 文件夹的内容如图 1-33 所示。

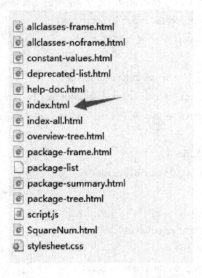

图 1-33　chapter01 的目录结构

index.html 即通过 javadoc 命令生成的关于 SquareNum.java 类的说明文档,方便他人查看该类的详细信息。

1.9　本章小结

本章简单介绍了 Java 语言的特点及三大体系,详细讲解了 JDK 的下载、安装及目录;展示了使用记事本如何编写 Java 源文件,如何配置 path 变量以便在任意目录下编译和运行源文件;讲解了 Java 程序的运行机制。在最后两节,讲解了 Java 程序的开发工具 IDEA,并展示了在 IDEA 中创建 Java 项目的过程。

本章习题

一、选择题

1. 以下哪个是 Java 应用程序 main 方法的有效定义？（　　）

A. public static void main()

B. public static void main(String args)

C. public static void main(String args[ ])

D. public static void main(Graphics g)

2. 编译和运行以下代码的结果为（　　）

```
public class MyMain{
    public static void main(String argv){
        System.out.println("Hello cruel world");
    }
}
```

  A. 编译错误

  B. 运行输出 "Hello cruel world"

  C. 编译无错，但运行时指示没有定义构造方法

  D. 编译无错，但运行时指示没有正确定义 main 方法

3. 下列说法正确的是（　　）

  A. Java 是一种静态语言　　　　　　B. Java 的安全性不高

  C. Java 具有面向对象的特点　　　　D. Java 不适于分布式计算

4. Java 属于（　　）

  A. 面向操作系统的语言　　　　　　B. 面向对象语言

  C. 面向过程的语言　　　　　　　　D. 面向机器的语言

5. 计算机能够直接执行的语言是（　　）

  A. Java 语言　　B. 机器语言　　C. 汇编语言　　D. 高级语言

6. Java 程序的执行过程中用到一套 JDK 工具，其中 javac.exe 是指（　　）

  A. Java 文档生成器　　　　　　　　B. Java 解释器

  C. Java 编译器　　　　　　　　　　D. Java 类分解器

7. 下列说法不正确的是（　　）

  A. 一个 Java 源程序经过编译后，得到的文件扩展名一定是 .class

  B. 一个 Java 源程序编译通过后，得到的结果文件数也只有一个

  C. 一个 Java 源程序编译通过后，得到的结果文件可能有多个

  D. 一个 Java 源程序编译通过后，不一定能用 Java 解释器执行

8. 安装 JDK 时，为了能方便地编译和运行程序，应该设置环境变量，其中主要的环境变量的名称是（　　）

  A. JAVAHOME　　B. java　　C. path　　D. jar.exe

9. Java 编译程序的文件名是（　　）

  A. java.exe　　B. javadoc.exe　　C. javac.exe　　D. jar.exe

10. 编译一个定义了 3 个类和 5 个方法的 Java 源程序文件，总共产生（　　）个字节码文件，这些字节码文件的扩展名应为（　　）

  A. 3，以 .class 为扩展名　　　　　B. 3，以 .java 为扩展名

  C. 5，以 .class 为扩展名　　　　　D. 8，以 .java 为扩展名

11. 在 DOS 命令下，如果源程序 HelloWorld.java 在当前目录下，那么编译该程序的命令是（　　）

  A. java HelloWorld　　　　　　　　B. java HelloWorld.java

C. javac HelloWorld   D. javac HelloWorld.java

12. JDK工具中,java.exe是指(　　)

A. Java文档生成器   B. Java解释器

C. Java编译器   D. Java类分解器

13. 编译Java源程序文件将产生相应的字节码文件,这些字节码文件的扩展名为(　　)

A. java   B. class   C. html   D. exe

二、简答题

1. 简述Java的运行机制。

2. 简述path变量的作用。

3. 简述记事本开发Java程序的过程。

三、编程题

1. 分别使用记事本和IntelliJ IDEA编写Java程序,运行后在命令行输出如下图案:

****

******读万卷书,行万里路!******

2. 分别使用记事本和IntelliJ IDEA编写Java程序,输出自己的学号、专业、姓名。

第 2 章 Java 编程基础

本章学习要点

- 理解数据类型的概念；
- 理解常量、常量值和变量的概念；
- 掌握数据类型的自动转换和强制转换；
- 掌握各种运算符的运算规则；
- 掌握选择语句和循环语句的使用规则；
- 掌握数组的定义和使用；
- 掌握 foreach 语句的使用；
- 深刻理解类和对象的概念；
- 掌握类的定义、对象的创建和使用。

2.1 对象和类的概念

2.1.1 对象的概念

所谓对象，就是现实世界中的实体，对象与实体是一一对应的，也就是说现实世界中每一个实体都是一个对象，它是一种具体的概念。比如说，张三家的猫是现实世界中的一个客观存在，那么张三家的猫就是一个对象。李四家的猫呢？也是现实世界中的一个客观存在，所以李四家的猫也是一个对象。依此类推，赵六家的猫、王五家的猫、田七家的猫都是现实世界中的客观存在，都是相互独立的对象，再类推，只要是现实世界中客观存在的猫，不管是谁家的，甚至是流浪猫，都是对象。所以，一切猫皆对象。只要是客观世界存在的事物，都是对象。所以，对于 Java 语言来说，一切皆是对象。

那么，对象具有哪些特点呢？

（1）对象具有唯一性。不管是张三家的猫、李四家的猫，还是赵六家的猫，都是现实世界中唯一的客观存在。

（2）对象具有属性和行为。属性是对对象的静态特征的描述，如姓名、体重等。还是以猫为例，不管是张三家的猫还是李四家的猫都有自己的名字和体重，不同的是，张三家的猫叫"花花"，李四家的猫叫"喵喵"，而张三家的猫体重 2.5 千克，李四家的猫体重 3 千克。那么名字和体重就是属性，而"花花""喵喵""2.5 千克""3 千克"这些都是属性的值。张三家的猫和李四家的猫都具有名字和体重的属性，而能够把它们区分开的恰恰是属性的值。行为是对对象动态特征的描述，如吃、跑、跳等。不管是张三家的猫还是李四家的猫，都具有吃饭、睡觉、抓老鼠的行为。

2.1.2 类的概念

不管是张三家的猫还是李四家的猫,甚至是所有的猫,都具有共同的属性,如体重、颜色等,都具有共同的行为,如吃饭、睡觉等。那么,对所有猫的共同特征和行为进行抽象,就得到了猫类。

什么是类?类是对对象的抽象,是对某一类事物的共性描述,定义了一类事物共有的特征属性和功能行为。

类和对象有什么关系呢?类是对某一类事物的抽象描述,而对象用于表示现实中该类事物的个体,每个对象都是独一无二的,对象也称为类的实例(instance)。类是对象的模板,通过该模板就能创建一个具体的对象。

2.2 类的定义和对象的创建

在面向对象编程中,最核心的概念就是对象。Java 程序就是通过对象之间的相互作用来完成功能,而要创建对象就必须先定义类。面向对象编程的重点就是类的定义、对象的创建及使用。

模拟一个"猫抓老鼠"的过程:

首先,要有一个"猫"类,该类具有姓名的静态属性和抓老鼠的动态行为。

然后,要有一个"老鼠"类,该类具有姓名的静态属性和偷吃的行为。

其次,用"老鼠"类创建一个名字叫"吱吱"的老鼠,执行"偷吃"的行为。

最后,用"猫"类创建一个名叫"花花"的猫,让"花花"执行"抓老鼠"的行为。

这个过程如何用 Java 程序实现呢?等我们学习完类的定义、对象的创建及使用之后,就可以很容易地实现"猫抓老鼠"的程序了。

2.2.1 类的定义

类是组成 Java 程序的基本要素,所有的 Java 程序都是基于类的。Java 语言中的类定义由类声明和类体两部分组成。语法格式为:

```
[类修饰符] class 类名 [extends 超类名] [implements 接口名列表]{
    类体内容
}
```

其中,"[类修饰符] class 类名 [extends 超类名] [implements 接口名列表]"为类的声明部分,"{}"为类体部分。

(1) []表示可选项,可以省略。当把所有的[]省略后,就得到了最简单的类定义的格式:

```
class 类名{类体内容}
```

"class 类名"就是最简单的类声明。其中,class 是定义类的关键字,是类定义的开始。类名是一个类的名字,类名的命名要符合 Java 标识符的命名规则,即可以由字母、数字、下划线和美元符号组成,但不能以数字开头,不能是 Java 的关键字。除此之外,类名的命名还要遵守两条规范:第一,类名的首字母要大写,如 Cat、Mouse 类。第二,类名的命名要遵守"驼峰"规则,即当类名是由多个单词共同组成的时候,每个单词的首字母都需要大写,如 MyStudent 等。

(2)"{}"表示类体。类体是用一对英文半角的花括号将所有代码括起来,主要包括类的属性和类的行为两部分。其中,类的属性也称为类数据成员或字段,包括成员变量和常量两种。Java 语言使用成员方法来描述类的行为。

(3)从(1)和(2)中得到类的最简化的定义格式如下:

```
class 类名{
    成员变量
    成员方法
}
```

其中,成员变量用各种数据类型的变量或常量来定义,成员方法用函数来定义。

【例 2-1】 模拟"猫抓老鼠"。

"猫"类的定义代码如下:

```
1  class Cat{
2      String name;
3      void catchMouse(Mouse mouse){
4          System.out.println(name + "抓偷吃的" + mouse.name);
5      }
6  }
```

第 1 行代码中的 class 代表定义的是一个类,class Cat 是类的声明部分。Cat 为该类的名称,首字母大写。第 1 行和第 6 行的一对花括号是类体部分。类体中包括两部分内容:属性和行为。属性是用各种变量或常量来表示,行为是用函数来表示。第 2 行代码用一个 String 类型的变量 name 表示 Cat 类的属性。第 3~5 行是一个函数,表示 Cat 类的行为。Java 语言中,类的属性称为类的成员变量,类的行为称为类的成员方法。故 Cat 类中有一个成员变量叫 name,有一个成员方法叫 catchMouse。并且在类体中先写成员变量,再写成员方法。该 Cat 类描述了一类猫,具有共同属性"姓名"和共同行为"抓老鼠"。

接着,定义"Mouse"类,代码如下:

```
1  class Mouse{
2      String name;
3      void stealFood(){
4          System.out.println(name + "在偷吃!");
5      }
6  }
```

第 1 行代码中的 class Mouse 为类的声明部分,Mouse 为类的名称。第 2 行代码为 Mouse 类的属性"姓名",用一个 String 类型的变量 name 来定义。第 3~5 行为 Mouse 类的行为"偷吃",用一个名为 stealFood 的方法来定义。

2.2.2 对象的创建

Java 程序想要完成具体的功能,仅有类是远远不够的,还需要根据类创建实例对象。在例 2-1 中已经创建了 Cat 类和 Mouse 类,但是如果要实现"猫抓老鼠",就必须得有一只具体的猫和一只具体的老鼠才行。我们给这只具体的猫起个名字叫"喵喵",给这只具体的老鼠起名叫"吱吱"。如何创建"喵喵"和"吱吱"呢?

Java 语言中,使用 new 关键字来创建对象,具体格式如下:

```
类名 对象名 = new 类名();
```

用 Cat 类创建一个 cat 对象:

```
Cat cat = new Cat();
```

其中"new Cat()"用于创建 Cat 类的一个实例对象,"Cat cat"则是声明了一个 Cat 类型的引用变量 cat。中间的等号用于将 Cat 对象在内存中的地址赋值给变量 cat,这样变量 cat 便持有了对象的引用。为了简化描述,通常会将变量 cat 引用的对象简称为 cat 对象。在内存中,变量 cat 和对象(new Cat())之间的引用关系如图 2-1 所示。

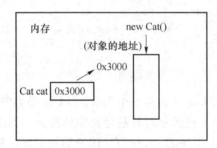

图 2-1　cat 和 new Cat() 的内存分析

对象 cat 的命名除了要遵循 Java 标识符的命名规则外,还需要注意两点:第一,对象名的首字母要小写。第二,对象名也要遵守"驼峰"原则,当对象名由多个单词组成时,除第一个单词首字母小写外,其余单词的首字母都要大写,如 studenName 等。

类是对象的模板,通过该模板就能创建一个一个具体的对象。换句话说,使用 Cat 类可以创建无数个对象,如:

```
Cat cat1 = new Cat();
Cat cat2 = new Cat();
Cat cat3 = new Cat();
```

上述语句用 Cat 类创建了 cat1、cat2 和 cat3 三个不同的对象。当用 Cat 类创建了 cat1、cat2 和 cat3 三个对象之后,cat1、cat2 和 cat3 就都具有了 Cat 类中定义的 name 属性和 catchMouse 行为。那么,我们如何区分 cat1、cat2 和 cat3 呢?

在前面提到过,不管是张三家的猫还是李四家的猫都有自己的名字,不同的是张三家的猫叫"花花",李四家的猫叫"喵喵"。那么名字是属性,而"花花"、"喵喵"是属性的值。能够把不同对象区分开的恰恰是属性的值。

那么,如何给对象的属性赋值呢？这就涉及对象的使用。

2.2.3 对象的使用

对象的使用原则是先创建后使用。我们已经学习了使用 new 关键字来创建对象。对象的使用是指对象引用类中的成员变量或方法。Java 语言通过引用操作符"."实现对象对成员变量或方法的引用,一般格式为：

```
对象名.成员变量名
对象名.成员方法名([参数列表])
```

新建 Example2_1.java 文件,在该文件中用"Cat"和"Mouse"类创建"cat"和"mouse"对象,代码如下：

```
1  public class Example2_1{
2    public static void main(String[]args){
3      Cat cat = new Cat();
4      Mouse mouse = new Mouse();
5      cat.name = "花花";
6      mouse.name = "吱吱";
7      cat.catchMouse();
8    }
9  }
```

运行 Example2_1.java 的结果如下：

```
花花抓偷吃的吱吱
```

2.3 类的成员变量

从类的定义看出,类体中包含成员变量和成员方法两部分,所谓的成员变量是用各种数据类型的变量或者常量来表示的。这一小节,我们详细地讲解一下 Java 中的变量和数据类型。

2.3.1 数据类型

计算机中,以位(0 或 1)表示数据。数据类型的出现就是为了把数据分成所需内存大小不同的数据。例如,大胖子必须睡双人床,小瘦子单人床就够了。这里的双人床和单人床就类似于数据类型的概念。床描述的是人所占空间的大小,而数据类型描述的就是数据所占内存的大小。大胖子就得用双人床,单人床不够睡；小瘦子就用单人床,双人床浪费空间。数据类型的出现是为了不浪费内存,多大的数据就申请多大的内存。

在 Java 语言中,不同的数据类型占据不同大小的内存空间,不同的数据类型的值表现形式也不一样。例如,我们把双人床和单人床比喻成数据类型的话,那么双人床和单人床所占的不同空间大小代表了不同数据类型所占不同大小的内存空间,而大胖子和小瘦子就是内存空间中存放的值。

什么是数据类型呢？Java 中的数据类型规定了不同的数据在内存中所占的空间大小，分为基本数据类型和引用数据类型。

(1) 基本数据类型共 8 种：int（整型）、long（长整型）、short（短整型）、byte（字节型）、double（双精度浮点型）、float（单精度浮点型）、char（字符型）和 boolean（布尔型），这 8 种基本数据类型所占的内存大小（字节数）都已经明确规定好了，如表 2-1 所示。

表 2-1 Java 的基本数据类型

数据类型	关键字	所占（字节）	取值范围
整型	int	4	$-2^{63} \sim 2^{63}-1$
长整型	long	8	$-2^{31} \sim 2^{31}-1$
短整型	short	2	$-2^{15} \sim 2^{15}-1$
字节型	byte	1	$-2^{7} \sim 2^{7}-1$
双精度浮点数	double	8	$4.9E-324 \sim 1.8E+308$
单精度浮点数	float	4	$1.4E-45 \sim 3.4E+38$
字符型	char	2	$0 \sim 2^{16}-1$
布尔型	boolean	1	只有：true 和 false

(2) 引用的数据类型包括类、接口和数组，还包括一种特殊的 null 类型。所谓引用就是对一个"对象"的引用。"对象"包括实例和数组两种。null 类型就是 null 值的类型，这种类型没有名字，空引用（null）是 null 类型变量唯一的值。空引用可以转换为任何引用类型。但是空引用只能被转换为引用类型，不能转换成基本类型。

2.3.2 常量值和常量

从表 2-1 中，我们看出不同数据类型所占的内存大小是不一样的，那么不同的数据类型在数据的表现形式上又有什么区别呢？

(1) 常量值。常量值又称为字面常量，它是通过数据直接表示的。根据不同的数据类型，常量值分为整型常量值、实型常量值、字符型常量值和布尔型常量值四种。

整型常量值：从数据的表现形式来看，整型常量值有十进制、八进制和十六进制三种表现形式，其中八进制的整型常量值是以 0 开头的，十六进制的整型常量值是以 0x（或 0X）开头的，如 10、017、0X9A 等。从数据类型来看，整型常量值分为 int、short、long 和 byte 四种，长整型类型则要在数字后面加大写的英文字母 L 或小写的英文字母 l，如 697L（或 697l），整型常量值默认的是 int 类型的，如不具体指定 3 为 short 或者 byte，默认 3 为 int。

实型常量值：从数据的表现形式来看，实型常量值就是带小数点的数据，如 3.14、2.50 等。实型常量默认在内存中占 64 位，是具有双精度型（double）的值。单精度型数值一般要在该数后面加 F 或 f，如 69.7f。

字符型常量值：从数据的表现形式看，字符型常量值是带一对单引号的，如 'a'、'1' 等。注意：'1' 是字符型常量值，而 1 是整型常量值。

布尔型常量值：从数据的表现形式来看，布尔型常量值只有 true 和 false。

(2) 常量。常量是指在程序的整个运行过程中，值保持不变的量。常量不同于常量值，它可以在程序中用符号来代替常量值使用。常量的定义格式为：

```
final dataType constantName
```

其中,final 是定义常量的关键字,dataType 指明常量的数据类型,constantName 是常量的名称。例如,final int COUNT=10;其中 COUNT 为 int 类型的常量,代表常量值 10。

在定义常量时,需要注意三点:第一,在定义常量时就需要初始化,而且其值不允许被更改。第二,为了与变量区分,常量名一般都用大写字母。

2.3.3 变量

从字面意思上理解,常量的值一旦设置后就不能被修改,而变量的值在程序运行期间可以被修改。从内存的角度理解,在程序运行期间,随时可能产生一些临时数据,应用程序会将这些数据保存到一些内存单元中,每个内存单元都有一个标识符来标识。这些内存单元被称为变量,定义的标识符就是变量名,内存单元中存储的数据就是变量的值。

变量的声明格式为:

```
dataTyPe variableName
```

dataType 为数据类型,它的作用在于告诉内存按照 dataType 给 variableName 分配内存空间。如:

```
int a;    //分配了一个 4 字节大小的内存,这块内存的标识符是 a
```

这条语句中的数据类型是 int,内存就会给变量 a 分配 4 字节大小的内存空间。所以,当把变量声明为某种类型的时候,也称这个变量为这种类型的变量。如这里的 a 也被称为整型变量。因为有不同的数据类型,变量也可以分为整型变量、实型变量等。

a 是一块 4 字节大小的内存空间的标识符,是为了方便记忆而给内存地址起的别名。当然,变量名的命名也要遵守 Java 标识符的命名规则,除此之外,还需要遵守两点规则,第一,变量名的首字母是小写的。第二,变量名也遵循"驼峰"规则,即当变量名由多个单词组成时,除第一个单词的首字母小写外,其余单词的首字母都大写,如 studentName。

目前,这块内存空间中没有值。把数据存储到内存空间中,叫作变量的赋值。给变量赋值有两种方式:第一,在声明的同时赋值。第二,声明之后再赋值。如:

```
int a = 5;        //声明变量的同时给变量赋值
int a;            //声明变量
a = 5;            //声明变量之后,再给变量赋值
```

2.3.4 数据类型之间的转换

当给变量赋值时,一般都是把常量值赋值给相同数据类型的变量。如:

```
int a = 5;
char b = 'b';
float c = 3.14f;
```

上面三条语句中，5为整型常量，赋值给整型变量；'b'为字符型常量，赋值给字符型变量；3.14f为单精度浮点数常量，赋值给单精度浮点数的变量。那么，能不能把常量值赋值给具有不相同数据类型的变量呢？这就涉及数据类型之间的转换。

数据类型之间的转换分为两种情况：自动类型转换和强制类型转换。

1. 自动类型转换

自动类型转换，指的是把常量值（或者具有值的变量）赋值给不同数据类型变量时，常量值（或者变量的值）会自动地转换成与变量相同数据类型的常量值。要实现自动转换，必须同时满足两个条件：第一，两种数据类型彼此兼容；第二，目标类型的取值范围大于源类型的取值范围。Java中基本数据类型的转换顺序为 byte、short、char→int→long→float→double。例如，byte类型的数据可以赋值 short、int、long 类型的变量，反之不行；short、char 类型的数据也可以赋值给 int、long 类型的变量，反之不行；int 类型的数据可以赋值给 long 类型的变量，反之不行；byte、short、int、long 类型的数据可以赋值给 float 类型的变量，反之不行；byte、short、int、long、float 类型的数据也可以赋值给 double 类型的变量，反之不行。按照上述转换规则，boolean 类型的变量和 byte、short、int、long、float、double 不能进行自动转换。

2. 强制类型转换

当两种类型彼此不兼容，或者目标类型取值范围小于源类型时，自动类型转换无法进行，这就需要进行强制类型转化。一般格式为：

目标数据类型 变量＝（目标类型）值

其中（）为强制类型转换符，作用是将值强制转换为目标数据类型的值。如：

```
int num = 4;
byte b = num;
```

上述语句中，将 int 类型的 num 变量赋值给 byte 类型的变量时，编译器会报错，因为 num 不能自动转换为 byte 类型的值。此时，就需要进行强制类型转换，语句变为：

```
int num = 4;
byte b = (byte)num;
```

在对变量进行强制类型转换时，会发生取值范围较大的数据类型向取值范围较小的数据类型的转换，此时很容易造成数据精度的丢失。

2.4 类的成员方法

从类的定义看出，类包含特征和行为，其中行为也称为类的成员方法，是用函数来定义的。函数就是完成一个个功能的代码块，而完成功能就离不开运算符和语句。

2.4.1 Java中的各种运算符

在 Java 语言中，可以对程序中的数据进行操作运算，参与运算的数据称为操作数，对操作数运算时使用的各种运算的符号称为运算符。Java 中的运算符主要有算术运算符、关系运算符、逻辑运算符、赋值运算符。

1. 算术运算符

Java 语言中,算术运算符是对各种整数或浮点数等数值进行运算操作的符号。Java 中所有的运算符及运算规则如表 2-2 所示。

表 2-2　Java 中的算术运算符

运算符	含义及规则	范　例	结　果
＋	正号	＋3	3
－	符号	a＝2;－a;	－2
＋	加	2＋2	4
＋	连接符:当有一个操作数是字符串时,会被看成是连接符,多用于输出语句中	a＝3;"a 的值为"＋a	a 的值为 3
－	减	3－2	1
＊	乘	1＊1	1
/	除:当两个操作数都是整数时,结果为整数	5/2	2
/	除:当两个操作数有一个是实型时,结果是实型	5.0/2	2.5
％	取模(取余);操作数只能是整数	7/5	2
++	自增(前);++在变量前时,先给变量加 1 再进行其他操作	a＝2;b＝++2;	a＝3;b＝3
++	自增(后);++在变量后面时,先进行其他操作,再给变量加 1	a＝2;b＝a++	a＝3;b＝2
－－	自减(前);－－在变量前时,先给变量减 1 再进行其他操作	a＝2;b＝－－a;	a＝1;b＝1
－－	自减(后);－－在变量后面时,先进行其他操作,再给变量减 1	a＝2;b＝a－－;	a＝1;b＝1

2. 关系运算符

关系运算符中"关系"二字的含义是指一个数据与另一个数据之间的关系,这种关系只有成立与不成立两种情况,用逻辑值 true 或 false 来表示。关系成立时表达式的结果为 true,关系不成立时则为 false。Java 中的关系运算符及运算规则,如表 2-3 所示。

表 2-3　Java 中的关系运算符

运算符	含义及规则	范　例	结　果
＝＝	相等	3＝＝1	false
!＝	不等于	3!＝1	true
＜	小于	3＜1	false
＞	大于	3＞1	true
＜＝	小于等于	3＜＝1	false
＜＝	小于等于;小于和等于中只要有一个成立,结果就为 true	1＜＝1	true
＞＝	大于等于;大于和等于中只要有一个成立,结果就为 true	3＞＝1	true
＞＝	大于等于	1＞＝1	true

3. 逻辑运算符

逻辑运算符的操作数只能是 true 或者 false,判断的结果是 true 或者 false。Java 中所有的逻辑运算符及其运算规则如表 2-4 所示。

表 2-4 Java 中的逻辑运算符

运算符	含义及规则	范例	结果
!	非：非假即真，非真即假	!(2>3)	true
&	与：只要有一个操作数是 false，结果就是 false；会计算所有操作数的值	int a=3; (2>3)&(a++<1);	false a=4
&&	短路与：只要有一个操作数是 false，结果就是 false；当第一个操作数是 false 时，就不再往后计算了	int a=3; (2>3)&&(a++<1);	false a=3
|	或：只要有一个操作数是 true，结果就是 true；会计算所有操作数的值	int a=3; (2<3)|(a++<1);	true a=4
||	短路或：只要有一个操作数是 true，结果就是 true；当第一个操作数是 true 时，就不会再计算第二个的操作数了	int a=3; (2<3)||(a++<1);	true a=3

4．赋值运算符

赋值运算符是指为变量或常量指定数值的符号，左边的操作数必须是变量，不能是常量值或表达式。Java 中的赋值运算符和复合的赋值运算符如表 2-5 所示。

表 2-5 Java 中的赋值运算符

运算符	含义及规则	范例	结果
=	赋值	a=2	a=2
+=	加等于	a=2;a+=3	a=5
-=	减等于	a=2;a-=1	a=1
*=	乘等于	a=3;a*=2;	a=6
/=	除等于	a=3;a*=2	a=1
%=	模等于	a=7;a%=5;	a=2

5．运算符的优先级

在四则运算中，我们先算乘除，再算加减。先算什么后算什么，就是运算符的优先级。在一个复杂的表达式中，运算符优先级最高的先进行计算。在 Java 中，运算符的优先级基本原则是：算术运算符＞关系运算符＞逻辑运算符＞赋值运算符。但还要特别注意几点：第一，小括号的优先级最高。第二，单目运算符的优先级高于双目运算符。第三，算术运算符中，*、/、% 运算符的优先级高于＋、－。第四，关系运算符中＜、＞、＜=、＞= 的优先级高于 ==、!=。第五，逻辑运算符中，&、| 的优先级高于 &&、||，& 的优先级高于 |，&& 的优先级高于 ||。

2.4.2 Java 中顺序结构的语句

在 Java 中，语句是最小的组成单位，每个语句必须使用分号作为结束符。从结构化程序设计角度出发，程序有三种结构：顺序结构、选择结构和循环结构。若是在程序中没有给出特别的执行目标，系统则默认自上而下一行一行地执行该程序，这类程序的结构就称为顺序结构。顺序结构中的语句分为表达式语句、空语句和复合语句三大类。

1．表达式语句

由各种运算符和操作数连接成的式子称为表达式，在表达式的后面加";"就构成了表达式语句,如"2+3*1;"。

2. 空语句

空语句就是一个";",它在程序中什么也不做,也不包含具有实际性的语句。

3. 复合语句

复合语句又称为语句块,用一对花括号表示,花括号内可以包含很多条语句。复合语句被看作一条语句。如:

```
{
  int a = 2;
  a + 3;
}
```

上述代码是一条复合语句,该复合语句的花括号内包含两条语句。

2.4.3 Java 中的选择语句

选择语句适合带有逻辑或关系比较等条件判断的计算。例如,判断是否到下班时间,判断两个数的大小等。Java 中提供了两种选择语句:if 语句和 switch 语句。其中,if 语句又分为 if 语句、if…else 语句、if…else if…else 语句及嵌套语句。

1. if 语句

if 语句是指如果满足某种条件,就进行某种处理。语法如下:

```
if(条件表达式){
  代码块
}
```

条件表达式的结果为 true,就执行代码块。否则,就不执行代码块。如:

```
1  public class IfTest {
2      public static void main(String[]args) {
3          int a = 3,b = 5;
4          if(a < b){
5              System.out.println(a + "<" + b);
6          }
7      }
8  }
```

上述代码的运行结果如下:

3<5

第 3 行代码定义了两个整型变量并赋值。第 4～6 行代码是一条 if 语句,条件表达式为 a<b,即 3<5 成立,则执行代码块内的语句,即输出 3<5。

如果将第 4 行代码中的"<"改为">",再运行结果,则什么都不输出。因为条件表达式 a>b,即 3>5 不成立,故不执行代码块,即不执行输出语句。

2. if…else 语句

if…else 语句是指"如果×××成立",就要……,"否则"就要……语法如下:

```
if(条件表达式){
  代码块 1
}else{
  代码块 2
}
```

如果条件表达式成立,则执行代码块 1;否则,就执行代码块 2。如:

```
1  public class IfElseTest {
2      public static void main(String[] args) {
3          int year = 1994;
4          if((year % 4 == 0 && year % 100 != 0 )|| (year % 400 == 0)){
5              System.out.println(year + "是闰年");
6          }else{
7              System.out.println(year + "不是闰年,是平年");
8          }
9      }
10 }
```

上述代码的运行结果如下:

1994 不是闰年,是平年

第 4~8 行代码是一条 if…else 语句,条件表达式为逻辑表达式,第一个操作数是一个逻辑表达式,第二个操作数是一个关系表达式。先来看第一个操作数 year%4==0 && year%100!=0,year%4==0,即 1994%4==0 为 false,则 year%4==0 && year%100!=0 的结果为 false,则整个条件表达式的结果为 false,则执行 else 语句中的代码块,即执行第 7 行语句,输出"1994 不是闰年,是平年"。

3. if…else if…else 语句

这是一条多条件判断语句,适用于条件较多的情况。语法如下:

```
if(条件表达式 1){
  代码块 1
}else if(条件表达式 2){
  代码块 2
}else if(条件表达式 3){
  代码块 3
}…
else if(条件表达式 n){
  代码块 n
}else{
  代码块 n+1
}
```

这条语句以 if 开始,else 结束,中间是若干个 else if。表达式出现在 if 后面的小括号内。该语句也可以以 if 开始,else if 结束,也就是可以没有 else 语句。该语句的执行流程为:判断条件表达式 1,如果条件表达式 1 为 true,则执行代码块 1,语句结束。如果条件表达式 1 为 false,则继续判断条件表达式 2,如果条件表达式 2 为 true,则执行代码块 2,语句结束。否则,继续判断条件表达式 3…如果所有的条件表达式都为 false,则执行 else 中代码块 n+1。if…else if…else 语句的示例代码如下:

```
1  public class IfElseIfTest {
2      public static void main(String[] args) {
3          int score = 89;
4          if(score >= 90){
5              System.out.println("level A");
6          }else if(score >= 80){
7              System.out.println("level B");
8          }else if(score >= 70){
9              System.out.println("level C");
10         }else if(score >= 60){
11             System.out.println("level D");
12         }else {
13             System.out.println("level E");
14         }
15     }
16 }
```

上述代码的运行结果如下:

```
level B
```

该程序模拟了"判断成绩等级":60 分以下,为 E 等级;60~69 分,为 D 等级;70~79 分,为 C 等级;80~89 分为 B 等级,90 分以上,为 A 等级。第 3 行代码定义了一个整型变量 score 代表成绩,其值为 89,使得第 4 行代码中的表达式 89>90 结果为 false,则继续判断第 6 行代码中的表示式 89>=80 为 true,则执行第 7 行代码,输出"level B",程序结束。第 6 行代码中的表达式其实等价于 score<90&&score>=80。另外,还要特别提醒,第 4、6、8、10 行代码中表达式的范围越来越大,如果把这几行的表达式颠倒过来,会怎么样呢?代码如下:

```
1  public class IfElseIfTest1{
2      public static void main(String[] args) {
3          int score = 89;
4          if(score >= 60){
5              System.out.println("level D");
6          }else if(score >= 70){
7              System.out.println("level C");
8          }else if(score >= 80){
9              System.out.println("level B");
```

```
10        }else if(score >= 90){
11            System.out.println("level A");
12        }else {
13            System.out.println("level E");
14        }
15    }
16 }
```

上述代码的运行结果为：

```
level D
```

第 3 行代码中的 score 的值为 89，使得第 4 行代码中的 score＞60，即 89＞60 为 true，则执行第 5 行代码，输出"level D"。所以，再次提醒，在使用 if…else if…else 语句时，表达式的范围从上至下依次变大。

4. switch 语句

switch 语句也是多条件判断语句，与 if…else if…else 语句等价。语法如下：

```
switch(变量或表达式){
  case 整数(或字符、或字符串):代码块 1
  case 整数(或字符、或字符串):代码块 2
  …
  default:代码块 n
}
```

在 JDK7 以前，switch 后面小括号内的变量或表达式只能是整数、字符或 Enum。从 JDK8 开始，增加对字符串的比较。该语句先取得变量或表达式的值，然后开始与 case 后的值进行比较，如果变量或表达式的值与 case 后面的值相等，就从这个 case 处开始执行语句，直到遇到 break 结束整条语句；如果变量或表达式的值和所有 case 后面的值都不相等，则执行 default 后面的代码块。default 语句也可以省略。switch 语句示例代码如下：

```
1  public class SwitchTest {
2      public static void main(String[] args) {
3          String  sr = "石头";
4          switch (sr){
5              case "石头":
6                  System.out.println("石头");
7                  break;
8              case "剪刀":
9                  System.out.println("剪刀");
10                 break;
11             case "布":
12                 System.out.println("布");
13                 break;
```

```
14          default:
15              System.out.println("输入信息有误");
16      }
17  }
18 }
```

上述代码的运行结果如下：

```
石头
```

第 3 行代码定义了一个字符串变量 sr，其值为"石头"。第 4~16 行代码是一条 switch 语句，取得第 4 行代码中 sr 的值，与第 5 行代码中 case 后面的值比较，发现两值相等，则执行第 6 行和第 7 行代码，而第 7 行代码的作用就是终止 switch 语句。故该程序的运行结果就是执行第 6 条语句输出"石头"。若把第 3 行代码中 sr 的值改为"剪刀"会怎么样呢？取得第 4 行代码中变量 sr 的值，与第 5 行代码中 case 后面的值比较，不相等，则继续与第 8 行代码中的 case 后面的值比较，相等，则执行第 9 行和第 10 行代码，第 9 行代码输出"剪刀"，第 10 行代码终止 switch 语句。故程序的运行结果就是执行第 9 行代码输出"剪刀"。若把第 3 行中代码 sr 的值改为"石头""剪刀""布"之外的值会怎么样呢？当 sr 的值与所有 case 后面的值都不匹配，就会执行 default 后面的语句，输出"输入信息有误"。

2.4.4 Java 中的循环语句

循环也是程序中的重要流程结构之一，适用于需要重复代码直到满足特定条件为止的情况。所有流行的编程语言中都有循环语句。Java 中采用的循环语句与 C 语言中的循环语句相似，主要有 while、do…while、for。

1. for 语句

for 语句是一种在程序执行前就要判断条件表达式是否为真的循环语句。假如条件表达式的结果为假，那么它的循环语句根本不会执行。for 语句通常使用在知道循环次数的循环中。

for 语句语法格式如下所示：

```
for(条件表达式1;条件表达式2;条件表达式3){
代码块;
}
```

条件表达式 1 为赋值语句，是循环结构的初始部分，为循环变量赋初值。条件表达式 2 为条件语句，是循环结构的循环条件。条件表达式 3 为迭代语句，通常使用++或--运算符，用来修改循环变量的值。该语句首先执行条件表达式 1 进行初始化，然后判断条件表达式 2 的值是否为 true，如果为 true 则执行循环体代码块，接下来执行表达式 3 改变循环变量的值，去判断条件表达式 2 的值，若为 true，则继续执行循环体的代码块，去执行表达式 3，再去判断表达式 2 的值……直到表达式 2 的值为 false，退出循环。for 语句的示例代码如下：

```
1  public class ForTest {
2      public static void main(String[] args) {
3          int sum = 0;
4          for(int i = 1;i <= 100;i++){
5              sum += i;
6          }
7          System.out.println("1～100 的和为" + sum);
8      }
9  }
```

上述代码的运行结果如下：

1～100 的和为 5050

该程序求出了 1～100 的所有整数和。第 3 行代码定义了一个整型变量 sum，用以存储和。第 4～6 行代码为 for 语句，第 4 行中 int i=1;为表达式 1，初始化变量 i。i<=100 为表达式 2，是循环条件。i++为表达式 3，给循环变量增值。第 5 行代码中使用了复合的赋值运算符+=，把 1～100 的 i 值都累加到 sum 变量上。等到 for 语句结束后，执行第 7 条语句，输出结果。

2．while 语句

while 循环语句可以在一定条件下重复执行代码。该语句需要判断一个测试条件，如果该条件为真，则执行循环语句（循环语句可以是一条或多条），否则跳出循环。while 循环语句的语法结构如下：

```
while(条件表达式){
    语句块;
}
```

其中，语句块中的代码可以是一条或者多条语句，而条件表达式是一个有效的 boolean 表达式，它决定了是否执行循环体。当条件表达式的值为 true 时，就执行大括号中的语句块。while 语句的示例代码如下：

```
1   public class WhileTest {
2       public static void main(String[] args) {
3           int sum = 0,i = 1;
4           while(i <= 100){
5               sum += i;
6               i++;
7           }
8           System.out.println("1 + 2 + 3 + ... + 100 = " + sum);
9       }
10  }
```

上述代码的运行结果如下：

1 + 2 + 3 + … + 100 = 5050

该程序求出了 1~100 的所有整数和。第 3 行代码定义了两个整型变量 sum 和 i。第 4~7 行为 while 语句,第 4 行的循环条件为 i<=100,第 5 行和第 6 行为循环体内容,第 5 行把 1~100 的 i 都累加到 sum 上,第 6 行给 i 增值。当第 4~7 行语句执行完后,执行第 8 行输出结果。

3. do…while 语句

do…while 循环语句由循环条件和循环体组成,但它与 while 语句略有不同。do…while 循环语句的特点是先执行循环体,然后判断循环条件是否成立。do…while 语句的语法格式如下:

```
do{
    语句块;
}while(条件表达式);
```

以上语句的执行过程是,首先执行一次循环操作,然后判断 while 后面的条件表达式是否为 true,如果循环条件满足,循环继续执行,否则退出循环。do…while 语句后必须以分号表示循环结束,该语句用的比较少。do…while 语句的示例代码如下:

```
1  public class DoWhileTest {
2      public static void main(String[] args) {
3          int i = 1,sum = 0;
4          do{
5              sum + = i;
6              i++;
7          }while(i<=100);
8          System.out.println("1~100 的和为" + sum);
9      }
10 }
```

上述代码的运行结果如下:

1~100 的和为 5050

该程序求出了 1~100 的所有整数和。第 4~7 行代码为 do…while 语句。注意第 7 行代码的最后有一个分号。

2.4.5 数组和 foreach 语句

数组可以看成是多个具有相同数据类型的数据的集合,这些数据称为数组元素,数组元素之间有先后顺序。一个数组元素可以用数组名和这个元素在数组中的顺序位置来表示,顺序位置是从 0 开始的。如 a[0]代表数组 a 中的第 1 个元素,其中 0 就是数组元素在数组中的位置。

1. 定义数组

Java 语言支持两种格式定义数组。

```
type[] arrayName;
type arrayName[];
```

例如：

```
int[]  a;
int    a[];
```

其中，a 就是数组的名字，int 代表数组中的数组元素都是 int 类型的。数组是一种引用类型的变量，使用数组定义一个变量时，只是定义了一个引用变量，这个引用变量还未指向任何有效的内存，所以还没有内存空间来存储数组元素，因此这个数组也不能使用，只有对数组进行初始化后才可以使用。

2. 数组的初始化

所谓初始化，就是为数组的数组元素分配内存空间，并为每个数组元素赋初始值。数组的初始化有两种方式：静态初始化和动态初始化。

静态初始化：初始化是由程序员显示指定每个数组元素的初始值，由系统决定数组长度，如 int[] a=new int[]{1,2,3,4,5}，或者采用简写的形式 int[] a={1,2,3,4,5}。

动态初始化：只指定数组的长度，如 int[] a=new int[5];由系统为每个数组元素指定初始值。其中，5 为数组的长度，即数组 a 中只能存放 5 个基本的整型数据。执行动态初始化时，程序员只需要指定数组的长度，即为每个数组元素指定所需要的内存空间，系统负责为这些数组元素分配初始值。当数组元素的类型是基本类型中的整型时，则数组元素的值是 0。当数组元素的类型是基本类型中的实型时，则数组元素的值是 0.0。当数组元素的类型是基本类型中的布尔类型时，则数组元素的初始值是 false。当数组元素的类型是引用类型时，则数组元素的值是 null。

3. 遍历数组元素

数组最常见的用法就是访问数组元素，包括对数组元素赋值和取出数组元素的值。访问数组元素的格式为：数组名[数组元素下标]。如：

```
int[] a = {1,2,3,4};
int sum = a[0] + a[1] + a[2] + a[3];
```

遍历数组元素通常用循环语句，示例代码如下：

```
1  public class ArrayTest {
2      public static void main(String[] args) {
3          int[] a = {1,2,3,4,5};
4          for(int i = 0;i < a.length;i++){
5              System.out.println(a[i]);
6          }
7      }
8  }
```

上述代码的运行结果如下：

```
1
2
3
4
5
```

第3行代码定义了一个数组a,并使用静态初始化方式对其进行赋值。第4行代码中的a.length求的是数组a的长度,值为5。第4~6行代码使用for循环语句,循环输出数组元素。

4. foreach 语句

在遍历数组、集合方面,foreach语句为开发者提供了极大的便利。foreach循环语句是for语句的特殊简化版本,主要用于执行遍历功能的循环。

foreach 循环语句的语法格式如下：

```
for(类型 变量名:集合)
{
    语句块；
}
```

其中,"类型"为集合元素的类型,"变量名"表示集合中的每一个元素,"集合"是被遍历的集合对象或数组。foreach语句的示例代码如下：

```
1  public class ForeachTest {
2      public static void main(String[] args) {
3          int[] a = {1,2,3,4,5};
4          for(int i:a){
5              System.out.println(i);
6          }
7      }
8  }
```

上述代码的运行结果如下：

```
1
2
3
4
5
```

第4~6行代码是一条foreach语句,第4行代码中的i代表数组a中的每个元素。

2.4.6 IDEA中模拟"人机'石头剪刀布'"游戏

【例2-2】 该游戏分为两种角色:玩家和电脑,玩家通过键盘输入"石头"或"剪刀"或"布",电脑随机产生"石头"或"剪刀"或"布",然后比较玩家输入的和电脑随机产生的两个值,给出比赛结果。

首先，创建玩家角色。我们用 Player 类代表玩家，该类有 playerValue 属性，有 playerScanner 方法。代码如下：

```java
1  import java.util.Scanner;
2  public class Player {
3      String playerValue;
4      public String playerScanner(){
5          System.out.println("请输入石头、剪刀或布");
6          Scanner scanner = new Scanner(System.in);
7          playerValue = scanner.next();
8          return playerValue;
9      }
10 }
```

第 6 行代码使用了 Java 提供的 Scanner 类，该类有 next() 方法、nextInt() 方法、nextDouble() 方法，分别用于接收从键盘输入的字符串、整数和小数。第 7 行代码使用了 Scanner 类中的 next() 方法用以接收从键盘输入的字符串，并将该字符串赋值给 playerValue 变量。另外，使用 Java 提供的 Scanner 类，必须导入 Scanner 类所在的包，所以就出现了第 1 行代码。

然后，创建电脑角色。我们用 Computer 类代表电脑，该类有 computerValue 属性及 computerScanner 方法。代码如下：

```java
1  public class Computer {
2      String computerValue;
3      public String computerScanner(){
4          int a = (int)(Math.random() * 3 + 1);
5          switch (a){
6              case 1:computerValue = "石头";break;
7              case 2:computerValue = "剪刀";break;
8              case 3:computerValue = "布";break;
9          }
10         return computerValue;
11     }
12 }
```

第 4 行代码中使用了 Java 提供的 Math 类中的 random 方法。Math.random() 随机产生 0～1 的浮点数，Math.random()*(m－n+1)+1 随机产生的是[n,m]的浮点数，其中 n、m 是指整数。(int)(Math.random()*(m－n+1)+1)经过将 Math.random()*(m－n+1)+1 随机产生的浮点数强制转换为整数，(int)(Math.random()*(m－n+1)+1)随机产生的就是 [n,m]的整数。故第 4 行代码随机产生了 1、2、3 中的任意一个整数。第 5～9 行代码使用 switch 语句，将随机产生的整数转换成"石头""剪刀""布"的字符串。

接下来，创建比较类。我们用 Compare 类来代表比较，该类有 result 属性及 compare 方法。代码如下：

```
1  public class Compare {
2      String result;
3      public String compare(String str1, String str2) {
4          if (str1.equals(str2)) {
5              result = "平局";
6          } else if ((str1.equals("石头") && str2.equals("剪刀"))||
7                  (str1.equals("剪刀") && str2.equals("布"))||
8                  (str1.equals("布") && str2.equals("石头"))){
9              result = "玩家赢了";
10         }else{
11             result = "电脑赢了";
12         }
13         return result;
14     }
15 }
```

第 3 行代码的 compare 方法有两个参数,分别代表玩家输入和电脑输入的值。第 4～12 行代码使用了 if…else if…else 语句,比较两值,返回结果。

最后,创建测试类 Example2_2,代码如下:

```
1  public class Example2_2 {
2      public static void main(String[] args) {
3          Player player = new Player();
4          Computer computer = new Computer();
5          Compare compare = new Compare();
6          String playerValue = player.playerScanner();
7          String computerValue = computer.computerScanner();
8          String result = compare.compare(playerValue,computerValue);
9          System.out.println(result);
10     }
11 }
```

上述代码的运行结果为:

```
请输入石头、剪刀或布
石头
电脑赢了
```

Example2_2 类为含有 main 方法的测试类,第 3 行代码创建一个玩家 player,第 4 行代码创建一个电脑 computer,第 5 行代码创建一个比较对象 compare,第 6 行和第 7 行代码通过对象调用方法得到 playerValue 和 computerValue,第 7 行代码通过 computer 对象调用方法得到比较结果。

程序运行后出现提示语句:请输入石头、剪刀或布,然后输入石头,回车输出"电脑赢了",程序结束了。如果还想继续玩游戏,只能重新运行 Example2_2,这样很麻烦,有没有办法可以不重新运行项目,还可以继续玩游戏呢?当然有,这就必须使用循环语句了。将Example2_2.java内容修改为Example2_2(1).java,代码如下:

```java
1  import java.util.Scanner;
2  public class Example2_2(1) {
3      public static void main(String[] args) {
4          Player player = new Player();
5          Computer computer = new Computer();
6          Compare compare = new Compare();
7          while(true){
8              String playerValue = player.playerScanner();
9              String computerValue = computer.computerScanner();
10             String result = compare.compare(playerValue,computerValue);
11             System.out.println(result);
12             System.out.println("如果想继续玩游戏,请输入1。退出请输入0");
13             Scanner scanner = new Scanner(System.in);
14             int a = scanner.nextInt();
15             if(a==1){
16                 continue;
17             }else if(a==0){
18                 System.out.println("游戏结束!");
19                 System.exit(0);
20             }
21         }
22     }
23 }
```

上述代码的运行结果如下:

```
请输入石头、剪刀或布
石头
平局
如果想继续玩游戏,请输入1。退出请输入0
1
请输入石头、剪刀或布
剪刀
平局
如果想继续玩游戏,请输入1。退出请输入0
1
请输入石头、剪刀或布
布
平局
如果想继续玩游戏,请输入1。退出请输入0
0
游戏结束!
```

第 7～21 行代码为一条 while 语句,该语句的循环条件为 true,直到执行到第 18 行代码游戏才会退出,否则游戏会一直继续。第 4、5、6 行代码分别创建了玩家、电脑、比较对象。第 8、9、10、11 行代码分别获得玩家输入、电脑输入进行比较,并输出比较结果,第 12 行代码,输出提示语句,如果想继续玩游戏,请输入 1,退出请输入 0。第 14 行代码接收从键盘输入的整数并存储到变量 a 中,第 15～20 行是一个 if…else if…else 语句,根据 a 的值来判断是继续游戏,还是退出游戏。

2.5 本章小结

本章开始引入了对象和类的概念,深入讲解了什么是对象,什么是类,对象和类的关系,如何定义类,如何用类创建对象,如何使用对象。在讲解完这些基础知识之后,由类的类体中包含成员变量和成员方法两部分,引出了类的成员变量和类的成员方法两节,重点讲解了 Java 中的各种数据类型和选择、循环语句。每一小节都配有例题,在练习中运用知识。最后,综合运用选择语句和循环语句实现了"人机'石头剪刀布'"游戏。

本章习题

一、选择题

1. 以下关于变量的说法错误的是(　　)
A. 变量名必须是一个有效的标识符
B. 变量在定义时可以没有初始值
C. 变量一旦被定义,在程序中的任何位置都可以被访问
D. 在程序中,可以将一个 byte 类型的值赋给一个 int 类型的变量,不需要特殊声明

2. 下面(　　)可以实现访问数组 arr 的第 1 个元素。
A. arr[0]　　　　B. arr(0)　　　　C. arr[1]　　　　D. arr(1)

3. 若有"int a=new int[_____];a[0]=1;a[1]=4;a[2]=2;;",则空格中最小能够填的数据为(　　)
A. 2　　　　　　B. 4　　　　　　C. 3　　　　　　D. 5

4. 下面程序段的输出结果是(　　)

```
int  a = 2;
System.out.print( a++ );
System.out.print( a );
System.out.print( ++a );
```

A. 333　　　　　B. 334　　　　　C. 234　　　　　D. 233

5. 以下代码中变量 result 的可能类型有哪些?(　　)

```
byte   b = 11;
short  s = 13;
result = b * ++s;
```

A. byte，short，int，long，float，double

B. boolean，byte，short，char，int，long，float，double

C. byte，short，char，int，long，float，double

D. int，long，float，double

6. 以下代码的输出结果为（   ）

```
System.out.println(" " + 2 + 3);
System.out.println(2 + 3);
System.out.println(2 + 3 + "");
System.out.println(2 + "" + 3);
```

A. 第 3 行出现编译错误

B. 输出 23，5，5 和 23.

C. 输出 5，5，5 和 23.

D. 输出 23，5，23 和 23.

7. 考虑如下两语句：

1) boolean passingScore = false && grade == 70;

2) boolean passingScore = false & grade == 70;

表达式 grade == 70 在什么地方被计算？（   ）

A. 在 1)和 2)中均计算

B. 在 1)和 2)中均未计算

C. 在 1)中计算，在 2)中未计算

D. 在 2)中计算，在 1)中未计算

8. 以下代码：

```
if (a > 4)
System.out.println("test1");
else if (a > 9)
System.out.println("test2");
else
System.out.println("test3");
```

a 为何值将有输出结果 test2？（   ）

A. 小于 0   B. 小于 4   C. 4 和 9 之间   D. 无任何可能

9. 假设 a 是 int 类型变量，并初始化为 1，则下列哪个为合法的条件语句？

A. if (a) ｛   ｝   B. if (a<<3) ｛   ｝

C. if (a=2) ｛   ｝   D. if (true) ｛   ｝

10. 观察以下程序段：

```
int i = 1, j = 10;
do{
    if(i++>--j) continue;
} while(i<5);
```

执行完后,i、j 的值分别为:

A. i=6　j=5　　　　　　　　　B. i=5　j=5
C. i=6　j=4　　　　　　　　　D. i=5　j=6

11. 以下程序的运行结果为(　　)

```
class Prob10 {
    static boolean b1;
    public static void main(String []args) {
        int i1 = 11;
        double f1 = 1.3;
        do {
            b1 = (f1 > 4) && (i1-- < 10);
            f1 += 1.0;
        } while (!b1);
        System.out.println(b1 + "," + i1 + "," + f1);
    }
}
```

A. false,9,4.3　　　　　　　　B. true,11,1.3
C. false,8,1.3　　　　　　　　D. true,8,7.3

12. 下列程序代码运行的结果为(　　)

```
public class Test{
    int x = 5;
    public static void main(String argv[]){
        Test t = new Test();
        t.x++;
        change(t);
        System.out.println(t.x);
    }
    static void change(Test m){
        m.x += 2;
    }
}
```

A. 7　　　　　B. 6　　　　　C. 5　　　　　D. 8

13. 设有如下类:

```
class MyPoint {
  void myMethod() {
    int x, y;
    x = 5; y = 3;
    System.out.print( " ( " + x + ", " + y + " ) " );
    switchCoords( x, y );
    System.out.print( " ( " + x + ", " + y + " ) " );
  }
  void switchCoords( int x, int y ) {
    int temp;
    temp = x;
    x = y;
    y = temp;
    System.out.print( " ( " + x + ", " + y + " ) " );
  }
}
```

如果执行 myMethod()方法,则输出结果为(　　)

A.（5,3）（5,3）（5,3）

B.（5,3）（3,5）（3,5）

C.（5,3）（3,5）（5,3）

D.（5,3）（5,3）（3,3）

14. 以下程序的运行结果为(　　)

```
class Test{
  int num;
  public static void main(String[]args){
    Test x = new Test();
    if(x == null){
        System.out.println("No exsiting");
    }else{
        System.out.println(x.num);
    }
  }
}
```

A．0　　　　　　B．null　　　　　　C．No exsiting　　　　D．编译出错

15. 以下程序的运行结果为(　　)

```
class Test{
    int num;
    public static void main(String[]args){
        Test x;
        if(x == null){
            System.out.println("No exsiting");
        }else{
            System.out.println(x.num);
        }
    }
}
```

A. 0   B. null   C. No exsiting   D. 编译出错

16. 以下程序的运行结果为(　　)。

```
class Test{
    int num;
    public static void main(String[]args){
        Test x = null;
        if(x == null){
            System.out.println("No exsiting");
        }else{
            System.out.println(x.num);
        }
    }
}
```

A. 0   B. null   C. No exsiting   D. 编译出错

二、简答题

1. 简述类和对象的概念。
2. 简述数据类型的概念。
3. 简述常量、常量值和变量的区别。
4. 简述数据类型之间的自动转换和强制转换。
5. 简述数组初始化的两种方式。

三、编程题

1. 编写一个类 Runner，按照以下步骤写出 Java 语言代码：
1) 声明一个名为 miles 且不初始化的 double 类型变量；
2) 声明一个名为 KILOMETER_PRE_MILE 值为 1.557 的 double 类型常量；
3) 声明一个名为 run 返回类型为 void 的方法，为该方法设计一个名为 kilometer 的 double 类型形参；
4) 在 run 方法内将 kilometer 和 KILOMETER_PRE_MILE 相乘的结果赋值给 miles；
5) 在 run 方法内将 miles 的值显示在控制台。

6）编写一个测试类 Test，按照以下步骤在主方法中写出 Java 代码：
① 创建 Runner 类的对象 runner；
② runner 对象调用 run 方法并传参。

2. 编写一个 Person 类，按照以下步骤写出 Java 语言代码：
1）声明成员变量
姓名：name，字符串类型：String
性别：sex，字符型：char
年龄：age，整数：int
2）声明成员方法
public String toString() 该方法返回姓名、性别和年龄连接成的字符串
3）编写测试类 Test，按照以下步骤写出 Java 语言代码：
① 创建 Person 类的对象 person；
② 为 person 对象的属性分别赋值为：张三 男 19；
③ 用 person 对象调用 toString 方法。

第 3 章 面向对象程序设计(上)

本章学习要点

- 理解类体中变量的分类;
- 掌握静态变量和实例变量的区别;
- 掌握成员变量和局部变量的区别;
- 掌握静态方法和实例方法的区别;
- 掌握 this 关键字的使用;
- 掌握 static 关键字的使用;
- 理解包的概念;
- 掌握构造方法的创建;
- 理解构造方法的作用;
- 理解方法重载的概念;
- 掌握访问权限修饰符的使用规则。

3.1 类体中的变量

在前面的学习中,我们提到类的定义为:

```
class 类名{
    成员变量
    成员方法
}
```

类体中包含成员变量和成员方法,成员方法中也会出现变量,那么成员方法中的变量和成员变量有什么区别呢?据此可以将变量分为两类:成员变量和局部变量。直接定义在类体中的变量称为"成员变量",也称为"全局变量",作用范围是整个类。定义在方法体中的变量称为"局部变量",作用范围是方法内部,即在方法外部无法被正常识别。下面分别介绍成员变量和局部变量。

3.1.1 成员变量

成员变量是在类体中定义的变量,也称为全局变量。根据成员变量的类型前面是否有 static 关键字,将成员变量分为静态变量和实例变量两种。

1. 静态变量

静态变量又称类变量,数据类型前面有 static 修饰。static 的英文含义就是"静态的",因此,当成员变量的数据类型前面有 static 修饰时,称此时的成员变量为静态成员变量,也称为类变量。静态变量的示例代码如下:

```java
1  public class StaticVariableTest {
2      static int a;
3      static double b;
4      static char c;
5      static boolean d;
6      static String e;
7      public static void main(String[] args) {
8          System.out.println("整型 a 的值:" + a);
9          System.out.println("实型 b 的值:" + b);
10         System.out.println("字符 c 的值:" + c);
11         System.out.println("字符 c 转换成整数为:" + (int)c);
12         System.out.println("布尔型 d 的值为" + d);
13         System.out.println("字符串 e 的值为:" + e);
14     }
15 }
```

上述代码的运行结果为:

```
整型 a 的值:0
实型 b 的值:0.0
字符 c 的值:
字符 c 转换成整数为:0
布尔型 d 的值为 false
字符串 e 的值为:null
```

第 1 行代码中定义了一个称作 StaticVariableTest 的类。类体中的第 2～6 行是成员变量。第 7～14 行是成员方法,只不过这个成员方法比较特殊,是 Java 程序的入口 main 方法。第 2 行中的成员变量是一个整型变量 a,与以往不同的是,在 int 的前面添加了 static 关键字,此时 a 就变成了成员变量中的静态变量。与此相同,第 3～6 行,分别定义了 double 类型、char 类型、boolean 类型和 String 类型的静态成员变量。第 8～13 行代码,在主方法中输出了静态变量 a、b、c、d、e 的值。其中,第 11 行代码将 char 类型的变量 c 强制转换成 int 类型,并输出。

从程序的运行结果看,虽然我们没有给静态的成员变量赋初值,但是系统会自动根据数据类型给静态的成员变量赋值。整型的静态变量默认值是 0,实型的静态变量默认值是 0.0,字符型的静态变量默认值是空字符,其 ASCII 值为 0,所以在输出结果中字符 c 的值:后面什么也没有,而字符 c 转换成整数为:后面是 0。布尔型的静态变量默认值是 false。而字符串等一切的引用型的静态变量默认值是 null。

2. 实例变量

成员变量的数据类型前面有 static 修饰时,称为静态的成员变量,简称静态变量。那么,当成员变量的数据类型前面没有 static 修饰时,就称为实例变量。实例变量的示例代码如下:

```
1  public class InstanceVariableTest {
2      int a;
3      double b;
4      char c;
5      boolean d;
6      String e;
7      public static void main(String[] args) {
8          System.out.println("整型 a 的值:" + a);
9          System.out.println("实型 b 的值:" + b);
10         System.out.println("字符 c 的值:" + c);
11         System.out.println("字符 c 转换成整数为:" + (int)c);
12         System.out.println("布尔型 d 的值为" + d);
13         System.out.println("字符串 e 的值为:" + e);
14     }
15 }
```

InstanceVariableTest 类和 StaticVariableTest 类的内容区别之处在于：InstanceVariableTest 类的第 2～6 行的数据类型前面都没有 static 修饰，因此第 2～6 行的成员变量就变成了实例变量，但是第 8～13 行的代码会报错。运行 InstanceVariableTest，报的错误是 Java：无法从静态上下文中引用非静态变量。这是怎么回事呢？这就是静态变量和实例变量的第一点区别。第 7 行代码是 main 方法，其中在方法类型 void 前面有 static 修饰，说明 main 方法为静态的成员方法。Java 中有一条很重要的规则是：静态成员不能访问非静态成员。根据这条规则，main 方法是静态成员方法，也就是静态成员，而变量 a、b、c、d、e 为实例变量，也就是非静态成员，故在 main 方法中使用实例变量会报错。那么，我们怎么才能输出实例变量呢？将 InstanceVariableTest 类改为 InstanceVariableTest1 类，代码如下：

```
1  public class InstanceVariableTest1 {
2      int a;
3      double b;
4      char c;
5      boolean d;
6      String e;
7      public static void main(String[] args) {
8          InstanceVariableTest1 instanceVariableTest = new InstanceVariableTest1();
9          System.out.println("整型 a 的值:" + instanceVariableTest.a);
10         System.out.println("实型 b 的值:" + instanceVariableTest.b);
11         System.out.println("字符 c 的值:" + instanceVariableTest.c);
12  System.out.println("字符 c 转换成整数为:" + (int)instanceVariableTest.c);
13         System.out.println("布尔型 d 的值为" + instanceVariableTest.d);
14         System.out.println("字符串 e 的值为:" + instanceVariableTest.e);
15     }
16 }
```

上述代码的运行结果如下：

```
整型 a 的值:0
实型 b 的值:0.0
字符 c 的值:
字符 c 转换成整数为:0
布尔型 d 的值为 false
字符串 e 的值为:null
```

InstanceVariableTest1 与 InstanceVariableTest 的区别在于第 8~14 行的不同。第 8 行代码,用 InstanceVariableTest1 类创建了实例 instanceVariableTest。在第 9~14 行代码中,通过引用运算符".",instanceVariableTest 对象引用了 a、b、c、d、e 实例变量。

这就是静态变量和实例变量的第二点区别:实例变量只能通过实例引用,而静态变量可以直接使用。静态变量最经常使用的方式是通过"类名.静态变量"的形式使用,因为可以直接通过"类名."的形式被调用,故静态变量也被称为类变量。类变量的示例代码如下:

```
1  public class StaticVariableTest1 {
2      static int a;
3      static double b;
4      static char c;
5      static boolean d;
6      static String e;
7      public static void main(String[] args) {
8          System.out.println("整型 a 的值:" + StaticVariableTest1.a);
9          System.out.println("实型 b 的值:" + StaticVariableTest1.b);
10         System.out.println("字符 c 的值:" + StaticVariableTest1.c);
11 System.out.println("字符 c 转换成整数为:" + (int)StaticVariableTest1.c);
12         System.out.println("布尔型 d 的值为" + StaticVariableTest1.d);
13         System.out.println("字符串 e 的值为:" + StaticVariableTest1.e);
14     }
15 }
```

上述代码的运行结果如下:

```
整型 a 的值:0
实型 b 的值:0.0
字符 c 的值:
字符 c 转换成整数为:0
布尔型 d 的值为 false
字符串 e 的值为:null
```

StaticVariableTest1 和 StaticVariableTest 的区别在于:第 8~13 行的代码,StaticVariableTest1 中第 8~13 行是通过"类名."的形式引用了静态变量。

静态变量和实例变量还有一个很重要的区别:分配内存空间的时间以及生命周期不同。在类加载时,内存就会给静态变量分配内存空间,而且该类的所有对象共用这块内存空间。实例变量是在创建对象时,内存才会给其分配内存空间,而且所有对象的实例变量所占的内存单元不同。示例代码如下：

```java
1  public class VariableDifference {
2      static int a;
3      int b;
4      public static void main(String[] args) {
5          VariableDifference variableDifference1 = new VariableDifference();
6          VariableDifference variableDifference2 = new VariableDifference();
7          System.out.println("variableDifference1 的静态变量 a 的值为" + variableDifference1.a);
8          System.out.println("variableDifference1 的实例变量 b 的值为" + variableDifference1.b);
9          System.out.println("variableDifference2 的静态变量 a 的值为" + variableDifference2.a);
10         System.out.println("variableDifference2 的实例变量 b 的值为" + variableDifference2.b);
11         variableDifference1.a = 10;
12         variableDifference1.b = 20;
13         System.out.println("variableDifference1 的静态变量 a 的值为" + variableDifference1.a);
14         System.out.println("variableDifference1 的实例变量 b 的值为" + variableDifference1.b);
15         System.out.println("variableDifference2 的静态变量 a 的值为" + variableDifference2.a);
16         System.out.println("variableDifference2 的实例变量 b 的值为" + variableDifference2.b);
17     }
18 }
```

上述代码的运行结果如下：

```
variableDifference1 的静态变量 a 的值为 0
variableDifference1 的实例变量 b 的值为 0
variableDifference2 的静态变量 a 的值为 0
variableDifference2 的实例变量 b 的值为 0
variableDifference1 的静态变量 a 的值为 10
variableDifference1 的实例变量 b 的值为 20
variableDifference2 的静态变量 a 的值为 10
variableDifference2 的实例变量 b 的值为 0
```

VariableDifference 中第 2 行定义了一个静态变量 a，第 3 行定义了一个实例变量 b，两个变量均未赋初值，其默认值均为 0。故第 7～10 行代码输出的值为 0。第 11 行代码给实例 variableDifference1 的静态变量 a 赋值为 10，因为所有实例共享一个静态变量，故第 13 行和第 15 行输出语句中的值均为 10。第 12 代码给实例 variable Difference1 的实例变量 b 赋值为 20，而所有实例的实例变量占不同的内存单元，故第 14 行和第 16 行输出语句中的值分别为 20 和 0。另外，要注意第 7 行和第 9 行代码中输出实例的静态变量时，采用的是"对象名.变量名"的形式。

静态变量和实例变量的区别如下：

（1）静态变量的数据类型前面有 static，而实例变量的数据类型前面没有 static。

（2）静态变量的引用形式有两种："类名.变量名"或者"对象名.变量名"。实例变量的引用形式只有"对象名.变量名"。

（3）静态变量是在类加载时，就会被分配内存空间，并且该类的所有实例的静态变量共享一块内存空间。而实例变量是在创建对象的时候才会被分配内存空间,而所有对象的实例变量占有不同的内存空间。

(4) 静态变量和类共存亡,而实例变量和实例共存亡。

3.1.2 局部变量

根据定义的位置不同,类体中的变量分为成员变量和局部变量两种。定义在类体中的变量称为成员变量,而定义在方法体内的变量称为局部变量。

局部变量的示例代码如下:

```
1  public class LocalVariableTest{
2      static int a;
3      public static void main(String[] args) {
4          int a = 9;
5          System.out.println("局部变量a的值为" + a);
6          System.out.println("静态变量a的值为:" + LocalVariableTest.a);
7      }
8  }
```

上述代码的运行结果如下:

```
局部变量a的值为9
静态变量a的值为:0
```

第2行定义了静态变量a,第4行在main方法的方法体内定义了局部变量a,第5行输出a变量的值,此时的a是局部变量。第6行通过"类名.变量名"的形式引用了静态变量。

成员变量和局部变量的共同之处:

(1) 成员变量和局部变量的类型都可以是Java中的任何一种数据类型。

(2) 成员变量和局部变量的名字都必须符合标识符规定,名字如果使用拉丁字母,建议首字母小写;如果变量由多个单词组成,从第2个单词开始每个单词的首字母使用大写。

成员变量和局部变量的区别:

(1) 成员变量定义在类体内部,作用范围是整个类,局部变量定义在方法体内部,只在定义它的方法体内有效,在方法外部不能被识别。

(2) 成员变量没有初始化时,系统会分配默认值,而局部变量必须初始化。

(3) 变量的作用域就是变量的有效范围,局部变量的作用域是它所在的方法或语句块,而成员变量作用域是整个类体。

3.2 类体中的方法

类定义了一类事物共有的特征属性和功能行为。其中,功能行为是用方法来实现的,方法用来操作类中的数据。多数情况下,程序的其他部分都是通过类的方法与类进行交互。方法分为方法的声明和方法体两部分,语法如下:

```
[访问权限修饰符][static/final]方法类型 方法名(参数列表){
   方法体
}
```

其中,"[访问权限修饰符][static/final] 方法类型 方法名(参数列表)"为方法声明部分。省略[]后,最简单的方法声明为:"方法类型 方法名(参数列表)"。"方法类型"即为方法的返回值,当该方法没有返回值时,方法类型为 void。"方法名"的命名同"变量名"的命名方式一样,参数列表为方法的形参列表。

同类体中的成员变量一样,类体中的方法根据方法类型前面是否有 static 修饰也分为静态方法和实例方法。

3.2.1 静态方法和实例方法

当类体中的方法其方法类型前面有 static 修饰时,该方法称为静态方法或者类方法。当类体中的方法其方法类型前面没有 static 修饰时,该方法称为实例方法。

静态方法的特点:第一,静态方法中只能使用静态成员,而不能使用非静态成员,静态成员包括静态变量和静态方法,非静态成员包括实例变量和实例方法。第二,静态方法的引用方式有两种:"类名.方法名"或者"对象名.方法名"。

实例方法的特点:第一,实例方法中即可以使用非静态成员,也可以使用静态成员。第二,实例方法的引用方式只有一种:"对象名.方法名"。示例代码如下:

```
1  class MethodTest {
2      static int a;
3      int b;
4      static void methodA(){
5          System.out.println(a);
6          System.out.println(b);//编译出错
7          System.out.println(new MethodTest().b);
8          methodB();//编译出错
9      }
10     void methodB(){
11         System.out.println(a);
12         System.out.println(b);
13         methodA();
14     }
15 }
```

第 2 行定义了一个静态变量 a,第 3 行定义了一个实例变量 b。第 4~9 行定义了一个静态方法,第 10~14 行定义了一个实例方法。根据 Java 中的一条黄金法则:静态成员不能访问非静态成员。故第 6 行和第 8 行代码编译出错,因为静态方法中不能直接使用实例变量,不能调用实例方法。反之可以,即实例方法中可以直接使用静态变量,如第 11 行,也可以直接调用静态方法,如第 13 行。第 7 行代码通过"对象名.变量名"的方式来引用实例变量 b,这种方式当然可以,大家要认真思考第 6 行和第 7 行代码的区别。

3.2.2 构造方法

对象的创建是"new 类名()"。其中,"类名()"从表面上看是一个方法,而且是一个无参方法。其中,"类名"是方法名,这个方法有个名字叫"构造方法"。构造方法是特殊的方法,它特殊在什么地方呢?

(1) 每个类中都会有构造方法。代码如下:

```
1  public class ConstructerTest {
2      public static void main(String[] args) {
3          ConstructerTest constructerTest = new ConstructerTest();
4      }
5  }
```

上述代码的运行结果如下:

```
Process finished with exit code 0
```

第 3 行使用类 ConstructerTest 创建了对象 constructerTest。在创建对象的时候,使用了 ConstructerTest()方法,但我们发现类体中并没有 ConstructerTest 方法。这就是构造方法的第一个特点:Java 中的每个类要想运行,都要有构造方法,前面我们写过的程序都没有手动添加构造方法,因为在执行过程中,程序会自动添加一个不带参数的,且方法体为空的构造方法。

第 3 行代码调用了构造方法,但由于 Java 默认提供的构造方法的方法体为空,故程序没有任何输出结果。但是,当我们手动添加了构造方法之后,程序就不会再提供默认的构造方法了。代码如下:

```
1  public class ConstructerTest1{
2      ConstructerTest1(){
3          System.out.println("我是程序员手动添加的构造方法");
4      }
5      public static void main(String[] args) {
6          ConstructerTest1 constructerTest = new ConstructerTest1();
7      }
8  }
```

上述代码的运行结果如下:

```
我是程序员手动添加的构造方法
```

第 2~4 行,手动添加了构造方法,此时 Java 就不再提供无参数方法体为空的构造方法了。第 6 行调用构造方法时,调用的就是程序员手动添加的构造方法。

(2) 构造方法的方法名必须和类名一致,包括大小写规则。如 ConstructerTest 类中第 3 行代码中的 ConstructerTest(),该构造方法与类同名。再如,ConstructerTest1 类中的第 2 行代码,构造方法的声明部分中,构造方法的方法名 ConstructerTest1 与类名完全相同。

(3) 构造方法只能由 new 运算符调用,如 ConstructerTest 类中的第 3 行语句,通过 new

关键字来调用构造方法,创建对象。

(4) 构造方法的作用就是用来创建对象的,也就是说构造方法只有在创建对象的时候才会被调用。

(5) 构造方法前面可以带有访问权限修饰符,如 public、private。有关访问权限修饰符的内容会在后面小节中讲到。但是不允许有方法的返回值类型,也不能有空返回值数据类型 void,所以构造方法内部严禁使用 return 关键字。

3.2.3 方法重载

方法重载是指在一个类中用同一个名字定义多个方法。方法的声明部分相同,方法的参数和方法体不同。参数不同包括参数的个数和参数的类型不同,不包括顺序不同。示例代码如下:

```
1   class MethodOverloadTest {
2       void method(){
3           System.out.println("我没有参数。");
4       }
5       void method(int a){
6           System.out.println("我有一个参数,类型是 int");
7       }
8       void method(String a){
9           System.out.println("我也有一个参数,但类型是 String");
10      }
11      void method(int a,String b){
12          System.out.println("我有两个参数,第一个参数类型是 int,
13                              第二个参数类型是 String");
14      }
15      void method(String a,int b){
15          System.out.println("我有两个参数,第一个参数类型是 String,
16                              第二个参数类型是 int");
17      }
18      void method(int a,int b){
19          System.out.println("我有两个参数,都是 int 类型的");
20      }
21      void method(int b,int a){
22          System.out.println("我有两个参数,都是 int 类型的,和上面的方法完全
23                              相同,所以我的出现会导致上面的方法出错了");
24      }
25  }
```

第 1 行代码定义了一个类 MethodOverload,类体中用同一个方法名 method 定义了 7 个方法。第 2～4 行的方法与第 5～7 行的方法,方法的声明部分相同,区别在于参数不同,第 2～4 行的方法没有参数,第 5～7 行的方法有参数。

第 5～7 行的方法与第 8～10 行的方法,方法的声明部分相同,而且都有一个参数,区别在于参数的数据类型不同。

第 11~14 行的方法、第 15~17 行的方法和第 18~20 行的方法,方法的声明部分相同,而且都有两个参数,区别在于对应位置的参数类型不同。

第 18~20 行的方法与第 21~24 行的方法,方法的声明部分相同,参数个数相同,而且对应位置上的参数类型都相同,那么在调用方法时,不能够明确调用的是哪一个,所以第 21~24 行方法的存在,会导致第 18~20 行方法的错误。

那么,构造方法可以重载吗? 答案是肯定的。示例代码如下:

```
1   public class ConstructerOverloadTest {
2       String name;
3       int age;
4       ConstructerOverloadTest(){
5           System.out.println("我是无参数构造方法");
6       }
7       ConstructerOverloadTest(String name,int age){
8           System.out.println("我是有参数的构造方法");
9       }
10  }
```

第 4~6 行是无参数的构造方法,第 7~9 行是有参数的构造方法,两个构造方法重名,参数个数不同,故是方法的重载。有参数的构造方法,通常是用来初始化成员变量的,这就涉及下节要讲的 this 关键字。

3.3 this 关键字

this 关键字代表当前类的当前对象本身,更准确地说,this 代表了当前对象的一个引用。this 可以出现在构造方法、实例方法中,但不能出现在静态方法中。

3.3.1 在构造方法中使用 this

前面讲到构造方法可以重载,如 ConstructerOverloadTest 类中有个带参数的构造方法,带参数的构造方法通常用来给成员变量初始化,为了避免起名字的麻烦,通常有参构造方法中的形参参数名和成员变量名相同。那么此时,当把形参赋值给成员变量时,成员变量前面就需要使用 this,此处的 this 代表当前类的当前对象。示例代码如下:

```
1   class ThisTest {
2       String name;
3       int age;
4       ThisTest(String name,int age){
5           this.name = name;
6           this.age = age;
7       }
8       public static void main(String[] args) {
9           ThisTest thisTest1 = new ThisTest("小红",5);
10          ThisTest thisTest2 = new ThisTest("小明",6);
```

```
11    System.out.println("thisTest1 对象的名字为:" + thisTest1.name + ",年龄为"
12                                              + thisTest1.age);
13    System.out.println("thisTest2 对象的名字为:" + thisTest2.name + ",年龄为"
14                                              + thisTest2.age);
15    }
16  }
```

上述代码的运行结果如下:

```
thisTest1 对象的名字为:小红,年龄为 5
thisTest2 对象的名字为:小明,年龄为 6
```

第 4~7 行是一个带参数的构造方法,该构造方法的参数和成员变量同名,所以当把参数赋值给成员变量时,成员变量前面加"this.",代表当前对象。

第 9 行代码使用 new 运算符调用有参数的构造方法,同时将实参"小红"传给形参 name,实参"5"传给形参 age。然后,第 5~6 行代码将"小红"赋值给 this.name,5 赋值给 this.age。而此时 this 代表的就是 thisTest1 对象。故第 11~12 行,输出对象 thisTest1 的 name 和 age 属性的值为"小红"和 5。

同理,第 10 行代码使用 new 运算符调用有参构造时,将实参"小明"和 6 传给形参,然后通过第 5~6 行代码,将"小明"和 5 赋值给 this.name 和 this.age,而此时的 this 代表的是 thisTest2 对象,故第 13~14 行输出 thisTest2 的 name 和 age 属性的值为"小明"和 6。

3.3.2　在实例方法中使用 this

除了构造方法中可以使用 this 之外,在实例方法中也可以使用 this,代表正在调用当前方法的对象。示例代码如下:

```
1   class ThisTest1 {
2     int a;
3     void method1(){
4       int a = 3;
5       System.out.println(a);
6       System.out.println(this.a);
7     }
8     void method2(int a){
9       System.out.println(a);
10      this.a = a;
11      System.out.println(this.a);
12    }
13    public static void main(String[] args) {
14      ThisTest1 thisTest1 = new ThisTest1();
15      thisTest1.method1();
16      thisTest1.method2(4);
17    }
18  }
```

上述代码的运行结果如下:

```
3
0
4
4
```

程序从第 14 行开始顺序执行,第 14 行调用 Java 提供的默认无参构造创建对象 thisTest1。然后程序执行第 15 行,调用 method1 方法,转而执行第 4 行语句,定义了局部变量 a,根据就近原则,第 5 行输出的就是局部变量 a 的值,故输出 3。第 6 行,输出 this.a 的值,this 代表调用 method1 的对象,即 thisTest1,故 this.a 即为 thisTest1.a,其值为系统默认值 0,故第 6 行输出 0。程序转而执行第 16 行,调用 method2 方法,因为 method2 有一个 int 类型的形参,故调用时需要传入一个 int 类型的常量值,故第 16 行在调用 method2 时,传入 int 类型的常量值 4。程序转而执行第 9 行代码,输出形参 a 的值,故输出 4。第 10 行代码将形参的值赋值给 this.a,而 this 代表调用 method2 的对象,即 thisTest1,故第 11 行输出 this.a 的值为 4。

this 代表当前对象,即只有创建对象之后,才能使用 this,所以在静态方法中不能使用 this。因为静态方法是在类加载时被加载的,而此时可能还没有类对象的存在,又怎么能用 this 呢?

3.4 包

在前面所有的章节中,我们所建的类都不能同名,否则会报"Cannot create file 'D:\javabook\chapter03\src\ThisTest.java'. File already exists."这样的错误,提示说在"D:\javabook\chapter03\src\"路径下"ThisTest.java"已经存在。在实际项目开发中,有时可能会出现两个同名类,那有没有办法实现呢?这就需要包来解决了。

3.4.1 包的概念

随着 Java 语言的广泛应用,用 Java 编写的类越来越多,如何对这些类进行有效的管理,以避免类名重复的冲突呢?"包机制"就应运而生了。

"包机制"就是通过不同的包名为类提供多重的命名空间,有了包之后,"包名+类名"才是类的完整名字,或者叫作全类名。例如,公司 A 实现了一个类 Student,公司 B 也实现了一个类 Student,如何区分这两个 Student 类呢? 于是,公司 A 和公司 B 将自己公司的域名倒置,作为包名。假如 A 公司的域名为"a.com",B 公司的域名为"b.com",则 A 公司实现的 Student 类的全称就是"com.a.Student",而 B 公司实现的 Student 类就是"com.b.Student"。由于域名的唯一性,"域名倒置"的包名也具有唯一性,"包名+类名"定义的全类名也就具有了唯一性,这就使得任何的 Java 类的全称都是唯一的,这就避免了类名重复的冲突。

命名包的关键是 package,示例代码如下:

```
1  package com.a;
2  public class Student {
3  }
```

第 1 行代码显示 Student 类所在的包为 com.a，Java 中的所有类都属于某个包，而且定义包的语句 package 位于第一行。当没有指定 package 语句时，使用默认的或全局的包，默认包没有名称。

3.4.2 import 语句

在引入了包的概念之后，如果想在一个类中使用另一个类，就必须导入另一个类所在的包。导包需要使用 import 关键字。包分为自定义的包和系统自带的包。例如，当我们使用 Scanner 类时，就必须导入 Scanner 类所在的 java.util 包。在 Java 语言的所有包中，Java 语言的核心包 java.lang 是很特殊的。特殊之处在于：任何 Java 类都默认已经导入了 java.lang 包中的所有类，换句话说，就是可以直接访问 java.lang 包中所有的类，如 java.lang.System。示例代码如下：

```
1  package com.c;
2  import com.a.Student;
3  import java.util.Scanner;
4  public class ImportTest {
5      public static void main(String[] args) {
6          Student student = new Student();
7          Scanner scanner = new Scanner(System.in);
8          System.out.println("java.lang包自动导入,故没有import语句");
9      }
10 }
```

第 1 行代码说明 ImportTest 类在包"com.c"中。第 6 行语句使用 Student 类创建了一个对象 student，因为 ImportTest 类和 Student 类不在同一个包中，故在 ImportTest 中使用 Student 类时，需要导入 Student 类所在的包，也就是第 2 行代码。当写第 6 行代码时，没有导入包之前，第 6 行代码会报错。第 8 行代码中使用了 System 类，因为该类在"java.lang"包中，而"java.lang"包是所有 Java 类默认导入的，故在文件中没有 import java.lang.System 语句。

3.4.3 访问控制符

访问控制符是一组限定类、属性或方法是否可以被程序里的其他部分访问和调用的修饰符。Java 语言中的访问控制符分为两类：一类是用来修饰类的，一类是用来修饰成员变量和成员方法的。

修饰类的访问控制符有两种：公共的 public 和缺省的 default。如果定义类的同时在 class 前面加上了 public，则这个类的访问权限就是公共的，即此类可以被所有类访问到。如果定义类的同时 class 前面什么都不写，class 前面默认添加 default 访问权限修饰符，注意，default 不能显示地写出来，被 default 修饰的类只能被和自己在同一个包中的类访问。

修饰成员变量和成员方法的访问控制符有四种，按照访问权限范围从小到大排列，分别是：私有的(private)、缺省的(default)、受保护的(protected)、公共的(public)。

用 private 修饰的成员称为私有成员，一个类的私有成员只能在这个类的内部访问，其他的类无法访问这个类的私有成员。用 private 属性实现了封装。

封装就是将对象的属性和方法相结合，通过方法将对象的属性和实现细节保护起来，实对象的属性隐藏。做法就是：修改属性的可见性来限制对属性的访问，并为每个属性创建一对取值（getter）方法和赋值（setter）方法，用于对这些属性的访问。

实现封装的具体步骤如下：

（1）修改属性的可见性来限制对属性的访问。

（2）为每个属性创建一对赋值方法和取值方法，用于对这些属性的访问。

（3）在赋值和取值方法中，加入对属性的存取限制。

【例 3-1】 以员工类的封装为例介绍封装过程。

一个员工的主要属性有姓名、年龄、联系电话和家庭住址。假设员工类为 Employee，代码如下：

```java
1  public class Employee{
2      private String name;              //姓名
3      private int age;                  //年龄
4      private String phone;             //联系电话
5      private String address;           //家庭住址
6      public String getName(){
7          return name;
8      }
9      public void setName(String name){
10         this.name = name;
11     }
12     public int getAge(){
13         return age;
14     }
15     public void setAge(int age){
16                                       //对年龄进行限制
17         if(age<18||age>40){
18             System.out.println("年龄必须在18到40之间!");
19             this.age = 20;            //默认年龄
20         }else{
21             this.age = age;
22         }
23     }
24     public String getPhone(){
25         return phone;
26     }
27     public void setPhone(String phone){
28         this.phone = phone;
29     }
30     public String getAddress(){
31         return address;
32     }
33     public void setAddress(String address){
34         this.address = address;
35     }
36  }
```

如上述代码所示,使用 private 关键字修饰属性,这就意味着除了 Employee 类本身外,其他任何类都不可以访问这些属性。但是,可以通过这些属性的 setXxx() 方法来对其进行赋值,通过 getXxx() 方法来访问这些属性。第 15~23 行是 age 属性的 setAge() 方法,首先对用户传递过来的参数 age 进行判断,如果 age 的值不在 18~40 之间,则将 Employee 类的 age 属性值设置为 20,否则设置为传递过来的参数值。

编写测试类 EmployeeTest,在该类的 main() 方法中调用 Employee 属性的 setXxx() 方法对其相应的属性进行赋值,并调用 getXxx() 方法访问属性,代码如下:

```
1  public class EmployeeTest{
2      public static void main(String[] args){
3          Employee people = new Employee();
4          people.setName("王丽丽");
5          people.setAge(35);
6          people.setPhone("13653835964");
7          people.setAddress("河北省石家庄市");
8          System.out.println("姓名:" + people.getName());
9          System.out.println("年龄:" + people.getAge());
10         System.out.println("电话:" + people.getPhone());
11         System.out.println("家庭住址:" + people.getAddress());
12     }
13 }
```

上述代码的运行结果如下:

```
姓名:王丽丽
年龄:35
电话:13653835964
家庭住址:河北省石家庄市
```

通过封装,实现了对属性的访问限制,满足了年龄的条件。在属性的赋值方法中可以对属性进行限制操作,从而给类中的属性赋予合理的值,并通过取值方法获取类中属性的值。

没有访问权限控制符修饰的成员称为缺省成员,一个类的缺省成员除了可以在这个类的内部访问之外,还可以被同一个包中的其他类访问。

用 protected 修饰的成员称为受保护成员,一个类的受保护成员除了可以在这个类的内部访问,可以被同一个包中的其他类访问之外,还可以被这个类的子类访问。

用 public 修饰的成员称为公共成员,一个类的公共成员没有访问限制,可以被任意类访问。

3.5 本章小结

本章详细讲解了类中变量的分类、类中方法的分类和 this 关键字的使用(代表当前类的当前对象)。为了避免类重名的冲突,引入了包机制。为了限制类与类之间的引用,引入了访问控制符的概念。

本 章 习 题

一、选择题

1. 下列说法中不正确的是(　　)
   A. 局部变量在使用之前无须初始化,因为系统会为该变量提供默认值
   B. 类变量由系统自动进行初始化
   C. 方法的参数的作用域就是所在的方法
   D. 语句块中定义的变量,当语句块执行完时,该变量就消亡了

2. 下列哪一项不是构造方法的特点?
   A. 构造方法名必须与类名相同
   B. 构造方法不具有任何返回类型
   C. 任何一个类都含有构造方法
   D. 构造方法 3 的访问控制修饰符只能是 public

3. 下列(　　)不是 Java 的 new 操作符的作用。
   A. 为对象分配内存空间　　　　　　B. 调用类的构造方法创建对象
   C. 返回对象的引用　　　　　　　　D. 产生一个新的类型

4. 在以下什么情况下,构造方法会被调用(　　)
   A. 类定义时　　　　　　　　　　　B. 创建对象时
   C. 调用对象方法时　　　　　　　　D. 使用对象的变量时

5. 下列关于构造方法描述错误的是(　　)
   A. Java 语言规定构造方法没有返回值,但不用 void 声明
   B. Java 语言规定构造方法名与类名必须相同
   C. Java 语言规定构造方法不可以重载
   D. Java 语言规定构造方法需要使用 new 关键字调用

6. 下列(　　)方法是方法重载的正确写法
   A. int sumValue(int a,int b){return a+b;}
      int sumValue(int a,int b){return a;}
   B. int sumValue(int a,int b){return a+b;}
      float sumValue(int a,int b){return (float)(a+b);}
   C. int sumValue(int a,int b){return a+b;}
      float sumValue(float a,float b){return a+b;}
   D. int sumValue(int a,int b){return a+b;}
      int sumValue(int x,int y){return x+y;}

7. 下列关于方法重载正确的描述是(　　)
   A. 重载方法的返回值类型必须不同
   B. 重载方法的参数形式不同,即:或者是参数的个数不同,或者是参数的类型不同
   C. 重载方法的参数名称必须不同

D. 重载方法的访问修饰符不同

8. 下列关于类方法的描述正确的是（　　）
A. 在类方法中可用 this 来调用本类的类方法
B. 在类方法中可直接调用本类的类方法
C. 在类方法中只能调用本类的类方法
D. 在类方法中绝对不能调用实例方法

9. 给定如下代码：

```
class UserInfo{
    String userName;
    int userNumber;
    public UserInfo(String userName){
        this.userName = username;
    }
    public UserInfo(String username,int userNumber){
        _____;
        this.userNumber = userNumber;
    }
}
```

横线上应填写的代码应该是（　　）
A. UserInfo(username,userNumber);
B. this(userName,userNumber);
C. UserInfo(userName);
D. this(userName);

10. 以下关于类的描述正确的是（　　）
A. 只要没有定义不带参数的构造方法，JVM 都会为类生成一个默认的构造方法
B. 局部变量的作用范围仅仅在定义它的方法内，或者是定义它的语句块中
C. 使用其他类的方法仅仅需要引用方法的名字即可
D. 在类中定义的变量称为类的成员变量，在其他类中可以直接使用

11. 下列关于 package 和 import 语句的描述中，错误的是（　　）
A. 一个源文件中 package 语句可以出现一次或多次
B. 一个源文件中 import 语句可以出现一次
C. 一个源文件中如果没有 package 语句，则 import 语句可以出现在第一行(不包括注释)
D. 一个源文件中 package 语句必须出现在第一行(不包括注释)

12. 访问控制修饰符作用范围由大到小是（　　）
A. private—protected--default--public
B. public—protected—default—private
C. private—default—protected—public
D. public—default—protected—private

13. 类中的方法被（　　）修饰符修饰时,该方法只能在本类中使用。
A. public　　　　　B. protected　　　　C. private　　　　D. default

14. 以下关于被访问控制符 protected 修饰的成员变量的描述正确的是（　　）
A. 只能被该类自身访问
B. 可以被该类本身和该类的所有子类所访问
C. 可以被3种类访问:该类自身、与它在同一个包中的其他类、该类的子类
D. 只能被同一包中的类访问

二、简答题
1. 简述类体中变量的分类。
2. 简述成员变量和局部变量的区别。
3. 简述静态变量和实例变量的区别。
4. 简述构造方法的特点及作用。
5. 简述方法重载的概念。
6. 简述 this 关键字的使用。
7. 简述访问权限修饰符的使用。

三、编程题
1. 编写 Book 类,在该类中定义了 3 个 private 属性,即 title 表示书名,author 表示作者,price 表示价格,3 个 set 方法分别用来设置书名、作者和价格的值,3 个 get 方法分别用来获取书名、作者和价格。编写测试类 Test,用来测试 Book 类,创建 Book 类对象并输出其属性。

2. 定义一个 Person 类,可以在应用程序中使用该类。Person 类的成员属性如下:

姓名:name,字符串类型:String
性别:sex,字符型:char
年龄:age,整数:int

3 个构造函数:

public Person(String name)
public Person(String name,char sex)
public Person(String name,char sex,int age)

一个成员方法

public String toString() //输出姓名、性别和年龄
利用定义的 Person 类,请实例化对象,输出下面结果:
姓名:张三　　性别:男　　年龄:21

3. 定义一个 public 类 X 和一个默认访问权限的类 Y,每个类中包含 4 个具有不同访问控制权限的成员变量和 4 个不同访问控制权限的成员方法。分别验证类的两种访问控制权限和类成员的 4 种访问控制权限。
在类 X 中定义主方法,对 X 和 Y 类加以应用,观察程序的编译结果。
在另一个包中创建测试类 Test,其中含有主方法,对 X 和 Y 类加以应用,观察程序的编译

结果。

4. 定义一个学生类,要求有私有成员变量:姓名(String name)、年龄(int age)、考试成绩(double score)。要求有成员方法:get 和 set 方法、一个构造方法、一个显示对象信息(姓名、年龄、成绩)的方法 printInfo。在应用程序类中,要求使用该学生类创建一个对象(姓名:李四、年龄:20、成绩 89),并且调用方法显示输出该对象的信息。

第 4 章 面向对象程序设计(下)

本章学习要点

- 理解继承的概念；
- 掌握继承中构造方法的调用顺序；
- 理解方法重写的概念；
- 理解上转型的概念；
- 理解多态的概念；
- 理解抽象类和接口的区别；
- 掌握抽象方法的写法；
- 掌握 final 关键字修饰的变量、方法和类的特点；
- 理解内部类的概念；
- 掌握匿名内部类的使用；
- 掌握上转型对象的特点。

4.1 类的继承

封装、继承和多态是面向对象程序设计的三大特点,封装在前面已经讲过了,这一节主要讲解继承和多态。

4.1.1 "子类"和"父类"

继承就是为了避免多个类间重复定义共同的属性和行为。

【例 4-1】 以一款 RPG(Role-Playing Game)游戏为例来讲解。游戏角色有"剑士"和"魔法师"两种。

首先定义"剑士"类,代码如下：

```
1  package com.one;
2  public class Swordman {
3      private String name;
4      private int level;
5      private int blood;
6      public String getName() {
7          return name;
8      }
9      public void setName(String name) {
```

```
10        this.name = name;
11    }
12    public int getLevel() {
13        return level;
14    }
15    public void setLevel(int level) {
16        this.level = level;
17    }
18    public int getBlood() {
19        return blood;
20    }
21    public void setBlood(int blood) {
22        this.blood = blood;
23    }
24    public void fight(){
25        System.out.println("挥剑攻击");
26    }
27 }
```

然后定义"魔法师"类,代码如下:

```
1  package com.one;
2  public class Magician {
3      private String name;
4      private int level;
5      private int blood;
6      public String getName() {
7          return name;
8      }
9      public void setName(String name) {
10         this.name = name;
11     }
12     public int getLevel() {
13         return level;
14     }
15     public void setLevel(int level) {
16         this.level = level;
17     }
18     public int getBlood() {
19         return blood;
20     }
21     public void setBlood(int blood) {
22         this.blood = blood;
23     }
24     public void fight(){
25         System.out.println("魔法攻击");
26     }
27 }
```

从上述代码可以看出,"剑士"类和"魔法师"类都有属性:角色名称、等级与血量,并都有每个属性的 get 和 set 方法,两个类中的大部分代码存在重复。代码的重复会造成维护上的不便,所以需要改进。改进的方法就是把多个类中相同的代码提取出来放在另一个类中,组成一个"角色类",代码如下:

```java
1  package com.one;
2  public class Role {
3      private String name;
4      private int level;
5      private int blood;
6      public String getName() {
7          return name;
8      }
9      public void setName(String name) {
10         this.name = name;
11     }
12     public int getLevel() {
13         return level;
14     }
15     public void setLevel(int level) {
16         this.level = level;
17     }
18     public int getBlood() {
19         return blood;
20     }
21     public void setBlood(int blood) {
22         this.blood = blood;
23     }
24 }
```

接着"剑士"类和"魔法师"类都继承了"角色"类。"剑士"类代码修改如下:

```java
1  package com.one;
2  public class Swordman1 extends Role{
3      public void fight(){
4          System.out.println("挥剑攻击");
5      }
6  }
```

"魔法师"类代码修改如下:

```java
1  package com.one;
2  public class Magician1 extends Role{
3      public void fight(){
4          System.out.println("魔法攻击");
5      }
6  }
```

在 Swordman1 类中和 Magician1 类中的第 2 行代码有一个关键字"extends",这个关键字的意思就是"继承",代表 Swordman1 类和 Magician1 类都继承了 Role 类,其中,Swordman1 类和 Magician1 类被称为"子类"或者"派生类","Role"类被称为"父类""基类"或者"超类"。

"子类"能继承父类的什么呢?子类可以继承父类的一切非私有的成员,但构造方法除外。有关继承中构造方法的调用将在 4.1.2 节中详细讲解。Swordman1 类和 Magician1 类都继承了 Role 类,也就继承了 Role 类中的所有 get 和 set 方法,因为这些方法是非私有的。而 Role 类中的成员变量因为是私有的,所有 Swordman1 类和 Magician1 类是不能继承的,但是 Swordman1 类和 Magician1 类却可以通过继承到的 get 和 set 方法来操作没有继承的私有变量。

子类除了继承父类的非私有成员外,还可以有自己的什么呢?可以有不同于父类的属性和行为。如 Swordman1 类中的 fight 方法就是该子类独有的,Magician1 类中的 fight 方法也是该子类独有的。

下面对 Role 类、Swordman1 类 Magician1 类做一个测试,代码如下:

```java
1  package com.one;
2  public class RPGTest {
3      public static void main(String[] args) {
4          createSwordman();
5          createMagician();
6      }
7      static void createSwordman(){
8          Swordman1 swordman = new Swordman1();
9          swordman.setName("Jack");
10         swordman.setLevel(1);
11         swordman.setBlood(200);
12         System.out.print("剑士" + swordman.getName() + "正在");
13         swordman.fight();
14         System.out.println("剩余血量为:" + swordman.getBlood() +
15                          ",级别为:" + swordman.getLevel());
16     }
17     static void createMagician(){
18         Magician1 magician = new Magician1();
19         magician.setName("May");
20         magician.setLevel(1);
21         magician.setBlood(100);
22         System.out.print("魔法师" + magician.getName() + "正在");
23         magician.fight();
24         System.out.println("剩余血量为:" + magician.getBlood() +
25                          ",级别为:" + magician.getLevel());
26     }
27 }
```

上述代码的运行结果如下:

```
剑士Jack正在挥剑攻击
剩余血量:200,级别:1
魔法师May正在魔法攻击
剩余血量:100,级别2
```

在RPGTest类中,代码第3~6行是主方法,第7~16行定义了createSwordman方法,第17~26行代码定义了createMagician方法,根据"静态成员不能调用非静态成员"法则,如果想在main方法中直接调用createSwordman和createMagician方法,就必须将createSwordman和createMagician方法定义为静态方法。第8行和第18行代码,创建子类对象。第9~11行和第19~21行子类对象通过调用从父类继承的set方法为属性赋值,第12、14、15行和第22、24、25行代码子类对象通过调用从父类继承的get方法获得属性值。第13行和第23行代码子类对象调用属于自己的行为。

Java中类的继承是"单继承",即只允许一个类直接继承另一个类,也就是extends关键字后面只能有一个类名。如class Student extends Person,Person1,Person2{…}会导致编译错误。

尽管一个类只能有一个直接的父类,但是它可以有多个间接的父类。如Student类继承Person类,Person类继承Person1类,Person1类继承Person2类,那么Person1和Person2类是Student类的间接父类。单继承的关系如图4-1所示。

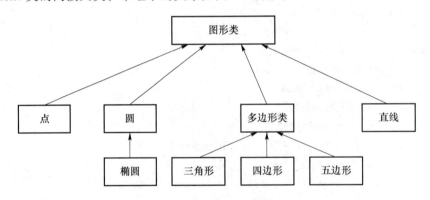

图4-1 图形类之间的关系

从图4-1中可以看出,三角形、四边形和五边形的直接父类是多边形类,它们的间接父类是图形类,三角形、四边形和五边形会继承多边形类和图形类中所有的非私有成员。

4.1.2 继承中构造方法的调用

子类可以继承父类中的非私有成员,也就是不能继承父类中的私有成员,同时,子类也不能继承父类中的构造方法。

【例4-2】有三个类:Farther类、Son类、Grandson类。
Father类的代码如下:

```
1  package com.one;
2  public class Father {
3      public Father(){
4          System.out.println("我是 Father 类的无参构造");
5      }
6  }
```

第 3~5 行代码,定义了 Father 类中的无参的构造方法。有 Son 类继承了 Father 类,代码如下:

```
1  package com.one;
2  public class Son extends Father{
3      public Son(){
4          System.out.println("我是 Son 类中的无参构造");
5      }
6  }
```

第 3~5 行代码,定义了 Son 类中无参数的构造方法。有 Grandson 类继承了 Son 类,代码如下:

```
1  package com.one;
2  public class Grandson extends Son {
3      public Grandson(){
4          System.out.println("我是 Grandson 类中的无参构造");
5      }
6  }
```

第 3~5 行,定义了 Grandson 类中无参数的构造方法。类 Son 继承了 Father 类,类 Grandson 继承了 Son 类,则 Father 类为 Grandson 类的间接父类。

创建一个 ConsrtucterInInheritTest 测试类,代码如下:

```
1  package com.one;
2  public class ConsrtucterInInheritTest {
3      public static void main(String[] args) {
4          Grandson grandson = new Grandson();
5          Son son = new Son();
6          Father father = new Father();
7      }
8  }
```

上述代码的运行结果如下:

我是 Father 类的无参构造
我是 Son 类的无参构造
我是 GrandSon 类的无参构造
我是 Father 类的无参构造
我是 Son 类的无参构造
我是 Father 类的无参构造

第 4、5、6 行代码分别调用 Grandson 类、Son 类和 Father 类中的无参构造创建了三个对象。

分析程序运行结果，前三行结果是第 4 行代码的运行结果，中间两行是第 5 行代码的运行结果，而最后一行是第 6 行代码的运行结果。从运行结果我们看出，调用 Grandson 类的无参构造时，会去调用其父类 Son 类的无参构造，而调用 Son 类的无参构造时，会去调用 Son 类的父类 Father 类的无参构造。前面提过，Object 类是任何类的父类。故调用 Grandson 类的无参构造时，执行顺序为：首先执行 Object 类中的无参构造，然后执行 Father 类的无参构造，接下来执行 Son 类的无参构造，最后执行 Grandson 类的无参构造。那么调用 Son 类的无参构造时，执行顺序是什么呢？请读者自行分析。

子类既然不能继承父类的构造方法，那么子类是如何调用父类的构造方法呢？就是通过"super();"这条语句，而且这条语句可以省略。但是如果把"super();"这条语句写出来，它一定要在第一条的位置，否则会编译出错。故 Father 类中第 3、4 条语句之间有一条"super();"语句，只不过这条语句没有写出来，这条语句调用了 Object 类中的无参构造。Son 类中第 3、4 条语句之间也有一条"super();"语句，该语句的作用是调用 Father 类中的无参构造。GrandSon 类中第 3、4 条语句之间也有一条"super();"，该语句的作用是调用 Son 类中的无参构造。

"super();"这条语句的作用就是调用父类中无参数的构造方法，所以当父类中没有无参构造时，子类中的构造方法中第一条语句必须显示地用 super 调用父类中有参数的构造方法，否则编译会出错。

【例 4-3】 教师类和学生类具有共同的属性：姓名、年龄、性别、身份证号，而学生还具有学号和所学专业两个属性，教师还具有教龄和所教专业两个属性。

因为教师类和学生类有共同属性，故提取出来放在"人类"中，代码如下：

```
1  package com.one;
2  public class Person {
3      public String name;            //姓名
4      public int age;                //年龄
5      public String sex;             //性别
6      public String sn;              //身份证号
7      public Person(String name,int age,String sex,String sn){
8          this.name = name;
9          this.age = age;
10         this.sex = sex;
```

```
11            this.sn = sn;
12        }
13        public String toString() {
14            return "Person{" +
15                    "name = '" + name + '\'' +
16                    ", age = " + age +
17                    ", sex = '" + sex + '\'' +
18                    ", sn = '" + sn + '\'' +
19                    '}';
20        }
21   }
```

第 3～6 行代码定义了成员变量，第 7～12 行是带参数的构造方法，第 13～20 是系统生成的 toString 方法。

教师类继承人类，代码如下：

```
1    package com.one;
2    public class Teacher extends Person{
3        private int tYear;//教龄
4        private String tDept;
5        public Teacher(String name,int age,String sex,String sn,
                        inttYear,String tDept){
6            super(name,age,sex,sn);
7            this.tYear = tYear;
8            this.tDept = tDept;
9        }
10       public String toString() {
11           return "Teacher{" +
12                   "tYear = " + tYear +
13                   ", tDept = '" + tDept + '\'' +
14                   ", name = '" + name + '\'' +
15                   ", age = " + age +
16                   ", sex = '" + sex + '\'' +
17                   ", sn = '" + sn + '\'' +
18                   '}';
19       }
20   }
```

第 3、4 行代码定义了 Teacher 类自己的私有成员变量，第 5～9 行是 Teacher 类的带参构造，第 6 行代码通过 super 关键字调用了 Person 类的带参构造，并传入参数。第 10～19 行代码是系统生成的 toString 方法。

学生类继承人类，代码如下：

```
1  package com.one;
2  public class Student extends Person {
3      private String stuNo;
4      private String department;
5      public Student(String name,int age,String sex,String sn,
6                     StringstuNo,String department){
7          super(name,age,sex,sn);
8          this.stuNo = stuNo;
9          this.department = department;
10     }
11     public String toString() {
12         return "Student{" +
13                 "stuNo ='" + stuNo + '\'' +
14                 ", department ='" + department + '\'' +
15                 ", name ='" + name + '\'' +
16                 ", age =" + age +
17                 ", sex ='" + sex + '\'' +
18                 ", sn ='" + sn + '\'' +
19                 '}';
20     }
21 }
```

第 3、4 行代码定义了 Student 类自己的私有成员变量，第 5～10 行是 Student 类的带参构造，第 7 行代码通过 super 关键字调用了 Person 类的带参构造，并传入参数。第 11～20 行代码是系统生成的 toString 方法。

创建测试类 ConsrtucterInInheritTest1 来测试带参构造，代码如下：

```
1  package com.one;
2  public class ConsrtucterInInheritTest1 {
3      public static void main(String[] args) {
4          Student student = new Student("小红",5,"女" + ,
5              "130927123412138976","12121212","计算机");
6          Teacher teacher = new Teacher("李天",34,"男" + "\n",
7              "130928187623238787",10,"计算机");
8          System.out.println(student);
9          System.out.println(teacher);
10     }
11 }
```

上述代码的运行结果如下：

```
Student{stuNo = '12121212', department ='计算机', name ='小红', age = 5, sex ='女', sn = '
130927123412138976'}
Teacher{tYear = 10, tDept ='计算机', name ='李天', age = 34, sex ='男
',sn ='130928187623238787'}
```

第4～5行创建了student对象,第6～7行创建了teacher对象,第8、9行分别输出 student和teacher对象。注意,输出对象时,默认调用toString方法,故第10行代码与 "System. out. println(student.toString())"等价,第11行代码与"System. out. println (teacher.toString())"等价。

4.1.3 继承中成员变量的隐藏

如果子类继承于某个父类,当子类中声明的成员变量和父类中声明的成员变量重名时,子类就隐藏了继承到的成员变量。

【例4-4】 有一个Animal类,有一个Cat类,Cat类继承了Animal类。

Animal类代码如下:

```
1  package com.one;
2  public class Animal {
3      public String name;
4      public String getName() {
5          return name;
6      }
7      public void setName(String name) {
8          this.name = name;
9      }
10 }
```

第3行定义了一个成员变量name,第4～6行定义的是get方法,第7～9行定义的是set 方法,当然get和set方法可以通过系统生成。

Cat类继承了Animal类,代码如下:

```
1  package com.one;
2  public class Cat extends Animal{
3      private String name;
4      public Cat(String aname,String  cname){
5          super.name = aname;//通过super调用父类Animal类中的name变量
6          this.name = cname;//此处的name是子类中的name属性
7      }
8      public String toString(){
9          return "我是" + super.name + ",我叫" + this.name;
10     }
11     public static void main(String[] args) {
12         Cat cat = new Cat("动物","喵星人");
```

```
13        System.out.println(cat);
14    }
15 }
```

上述代码的运行结果如下：

我是动物,我叫喵星人

第 3 行定义了一个私有变量 name，此变量与 Animal 中的成员变量同名，导致第 6 行语句中 this.name 引用的 Cat 类中的 name 变量，这就叫作 Cat 类隐藏了 Animal 类中的同名的 name 变量。

那么，子类如何操作父类中被隐藏的成员变量呢？有两种方法：第一，在子类中使用 super 关键字调用父类中被子类隐藏的成员变量。第二，子类通过调用从父类继承的方法来操作隐藏的成员变量。Cat 类中的第 5 行和第 9 行代码，通过 super. 来调用父类 Animal 中被隐藏的成员变量 name。

我们再来演示第二种方法，子类通过调用从父类继承的方法来操作父类中被隐藏的成员变量。Cat1 类的代码如下：

```
1  package com.one;
2  public class Cat1 extends Animal{
3      private String name;
4      public Cat1( String  cname){
5          this.name = cname;
6      }
7      public String toString(){
8          return "我是" + this.getName() + ",我叫" + this.name;
9      }
10     public static void main(String[] args) {
11         Cat1 cat = new Cat1("喵星人");
12         cat.setName("动物");
13         System.out.println(cat);
14     }
15 }
```

上述代码的运行结果如下：

我是动物,我叫喵星人

第 8 行和第 12 行，通过 this 和 cat 对象调用 Animal 类中的 get 和 set 方法，来操作 Animal 类中被 Cat 类隐藏的成员变量 name。

4.1.4 继承中成员方法的重写

在子类中如果创建了一个方法与父类中的某个方法具有相同的名称、相同的返回值类型、相同的参数列表，只是方法体中的实现不同，以实现不同于父类的功能。这种方式被称为方法重写,又称为方法覆盖。

在重写方法时,需要遵循以下规则:

(1) 参数列表必须完全与被重写的方法参数列表相同,否则不能称其为重写。

(2) 返回的类型必须与被重写的方法的返回类型相同,否则不能称其为重写。

(3) 访问修饰符的限制一定要不小于被重写方法的访问修饰符,否则不能称其为重写。

(4) 重写方法一定不能抛出新的检查异常或者比被重写方法声明更加宽泛的检查型异常。例如,父类的一个方法声明了一个检查异常 IOException,在重写这个方法时就不能抛出 Exception,只能抛出 IOException 的子类异常,可以抛出非检查异常。有关异常的内容会在后面章节中讲到。

【例 4-5】 每种动物都有名字和年龄属性,但是喜欢吃的食物是不同的,如狗喜欢吃骨头、猫喜欢吃鱼等,因此每种动物的介绍方式是不一样的。在父类 Animal 中定义 getInfo() 方法,并在子类 Cat 和 Dog 中重写该方法,实现猫、狗的介绍方式。

父类 Animal 代码如下:

```
1  package com.two;
2  public class Animal {
3      public String name;
4      public int age;
5      public String hobby;
6      public Animal(String name, int age, String hobby){
7          this.name = name;
8          this.age = age;
9          this.hobby = hobby;
10     }
11     public String getInfo(){
12         return "";
13     }
14 }
```

第 3~4 行定义了成员变量,第 6~10 定义了带参的构造方法,用于给成员变量赋值。第 11~13 行定义了成员方法 getInfo。

Cat 类继承 Animal 类,并重写 getInfo 方法,代码如下:

```
1  package com.two;
2  public class Cat extends Animal {
3      public Cat(String name,int age,String hobby){
4          super(name,age,hobby);
5      }
6      public String getInfo(){
7          return "喵!大家好!我叫" + this.name + ",我今年" + this.age + "岁了,我爱吃
                                " + hobby + "。";
8      
9      }
10 }
```

第 2 行代码中的 extends 关键字说明了 Cat 类继承了 Animal 类,因为 Animal 类中没有不带参数的构造方法,所以 Cat 类必须显示通过 super 调用父类中的带参构造,如代码第 4 行。第 6~9 行代码,定义了 getInfo 方法,该方法与父类中的 getInfo 方法声明部分完全相同,但是方法体不同,故称为方法的重写。

Dog 类也继承 Animal 类,并重写 getInfo 方法,代码如下:

```
1  package com.two;
2  public class Dog extends Animal {
3      public Dog(String name,int age,String hobby){
4          super(name,age,hobby);
5      }
6      public String getInfo(){
7          return "汪！大家好！我叫" + this.name + ",我今年" + this.age + "岁了,我爱吃
8                  " + hobby + "。";
9      }
10 }
```

根据方法重写的定义,第 6~9 行代码是子类 Dog 重写父类中的 getInfo 方法。

编写测试类,代码如下:

```
1  package com.two;
2  public class MethodRewriteTest {
3      public static void main(String[] args) {
4          Cat cat = new Cat("花花",1,"鱼");
5          Dog dog = new Dog("旺旺",2,"骨头");
6          System.out.println(cat.getInfo());
7          System.out.println(dog.getInfo());
8      }
9  }
```

上述代码的运行结果如下:

喵！大家好！我叫花花,我今年1岁了,我爱吃鱼。
汪！大家好！我叫旺旺,我今年2岁了,我爱吃骨头。

第 4、5 行代码分别创建了 cat 和 dog 对象。第 6 行代码中,通过 cat 对象调用 Cat 类中的 getInfo 方法,第 7 行代码中,通过 dog 对象调用 Dog 类中的 getInfo 方法。

4.1.5 继承中的上转型

对象的类型转换往往发生在具有继承关系的父类和子类之间,向上类型转换是将子类对象转为父类对象。如果 A 是 B 的父类,当把子类对象赋值给父类对象的引用时,称父类的引用是子类对象的上转型对象。例如:

```
A a;
a = new B();
```

或者：

```
A a = new B();
```

其中，new B()是子类 B 的一个对象，而 a 为父类 A 的一个引用变量，a=new B()这条语句使得父类的引用 a 指向了子类对象 new B()，此时 a 就叫作 new B()的上转型对象。

上转型对象有三个特点：

(1) 当子类重写了一个方法后，上转型对象调用方法时，调用的必须是经过重写后的方法。示例代码如下：

```
1  package com.two;
2  public class MethodRewriteTest1 {
3      public static void main(String[] args) {
4          Animal animal = new Cat("花花",1,"鱼");
5          System.out.println(animal.getInfo());
6          animal = new Dog("旺旺",2,"骨头");
7          System.out.println(animal.getInfo());
8      }
9  }
```

上述代码的运行结果如下：

喵！大家好！我叫花花,我今年1岁了,我爱吃鱼。
汪！大家好！我叫旺旺,我今年2岁了,我爱吃骨头。

MethodRewriteTest1 类中的第 4~7 行代码与 MethodRewriteTest 类中的第 4~7 行代码不同。第 4 行代码中 new Cat("花花",1,"鱼")创建了一个 Cat 类对象。Animal animal 创建了一个 Animal 类的引用，把 new Cat("花花",1,"鱼")赋值给 animal，也就是让父类 Animal 的引用变量指向了子类 Cat 的某个对象，此时引用变量 animal 就叫做子类对象 new Cat("花花",1,"鱼")的上转型对象。第 5 行，上转型对象 animal 调用 getInfo 方法，此时的 getInfo 方法是 Cat 类中重写后的 getInfo 方法。第 6 行代码，创建了 Dog 类的对象 new Dog("旺旺",2,"骨头")，并把该对象赋值给 animal 变量，此时 animal 变量又变成了 Dog 类的 new Dog("旺旺",2,"骨头")对象的上转型对象，第 7 行代码 animal 调用 getInfo 方法时，调用的就是 Dog 类中重写后的 getInfo 方法。

从运行结果可以看出，MethodRewriteTest 和 MethodRewriteTest1 的结果是一样的，但是 MethodRewriteTest1 中只定义了一个 animal 变量，而 MethodRewriteTest 中却定义了 cat 和 dog 两个引用变量。所以，当需要调用很多子类中重写后的方法时，一般都采用 MethodRewriteTest1 中的上转型。

(2) 当子类继承或隐藏了某个成员变量或方法，此时上转型对象可以访问。

(3) 上转型对象不能操作子类新增的成员变量，也不能操作子类新增的方法。

在上转型的三个特点中，最常用的就是第(1)条，有关第(2)、(3)条，请读者自行编写程序验证。

4.1.6 继承中的多态

封装、继承、多态是面向对象的三大特征,前面已经讲过封装和继承,这一节主要讲解多态。

Java 实现多态有三个必要条件:继承、重写和向上转型。只有满足这三个条件,开发人员才能够在同一个继承结构中使用统一的逻辑实现代码处理不同的对象,从而执行不同的行为。如 Cat 类和 Dog 类都继承了 Animal 类,并且都重写了 getInfo 方法,父类 animal 引用为上转型对象,三个条件实现了 Java 中的多态,即通过 animal 引用来调用子类中重写后的方法,表现了多种形态,即输出了不同的结果。

【例 4-6】 父类 Graph 中包含计算面积的 area 方法,子类 Rectangle 和 Triangle,重写父类 Graph 中的 area 方法。

父类 Graph 的内容如下所示:

```
1  package com.two;
2  public class Graph {
3      public double d1;
4      public double d2;
5      public Graph(double d1,double d2){
6          this.d1 = d1;
7          this.d2 = d2;
8      }
9      public double area(){
10         System.out.println("我没有实际意义,需要被子类重写");
11         return 0.0;
12     }
13 }
```

第 9~12 行定义了 area 方法,该方法返回值为 0.0,没有实际意义,需要被子类重写。

子类 Rectangle,重写了父类 Graph 中的 area 方法,代码如下:

```
1  package com.two;
2  public class Rectangle extends Graph{
3      public Rectangle(double d1,double d2){
4          super(d1,d2);
5      }
6      public double area(){
7          return d1 * d2;
8      }
9  }
```

第 6~8 行,重写了父类 Graph 中的 area 方法。

子类 Triangle,重写了父类 Graph 中的 area 方法,代码如下:

```
1  package com.two;
2  public class Triangle extends Graph {
3      public Triangle(double d1,double d2){
4          super(d1,d2);
5      }
6      public double area(){
7          return d1 * d2/2;
8      }
9  }
```

第 6~8 行,重写了父类 Graph 中的 area 方法。

编写测试类 PolymorphicTest,代码如下:

```
1  package com.two;
2  public class PolymorphicTest {
3      public static void main(String[] args) {
4          Graph graph = new Rectangle(1,2);
5          System.out.println("正方形的面积为" + graph.area());
6          graph = new Triangle(1,2);
7          System.out.println("三角形的面积为:" + graph.area());
8      }
9  }
```

上述代码的运行结果如下:

```
正方形的面积为 2.0
三角形的面积为:1.0
```

第 4、6 行是将子类对象赋值给父类的引用变量,故第 5、7 行使用父类的引用变量即上转型对象调用方法时,调用的是子类中重写后的方法。

4.2 抽 象 类

在例 4-5 中,Graph 类中定义的 area 方法,没有实际意义,需要被子类重写,因此该方法的方法体纯属浪费。那么,能不能省略 area 中没有实际意义的方法体呢?答案是肯定的,这就是本节要讲的抽象方法和抽象类。

4.2.1 抽象方法

用 abstract 修饰的方法称为抽象方法,抽象方法一般位于父类中,而且要被子类重写。声明抽象方法的一般格式如下:

[方法修饰符] abstract 方法返回值类型 方法名([参数列表]);

注意:抽象方法只有声明,没有方法体,所以必须以";"号结尾。

抽象方法是在类中仅仅有声明部分,并没有实现方法体。也就是说抽象方法仅仅是为所有的派生子类定义一个统一的标准,而具体实现方法则交给了各个派生子类来完成,不同的子类可以根据自身的情况以不同的程序代码实现。要注意的是,构造方法、静态方法、私有方法不能被声明为抽象的方法。

根据抽象方法的定义和作用,Graph 类中的 area 方法特别适合修改为抽象方法,代码为:
public abstract double area();。

4.2.2 抽象类

当我们把 Graph 类中的 area 修改为抽象方法时,Graph 类是会报错的,这是因为当把 area 方法修改为抽象方法时,也必须把类 Graph 修改为抽象类。

用关键字 abstract 修饰的类称为抽象类。抽象类的作用类似于"模板",通常首先给出属性或方法的格式,然后根据这些格式来派生出新的子类,最后由其子类来创建对象。

定义抽象类的一般格式如下:

```
[类修饰符] abstract class 类名 {
    声明成员变量
    声明抽象方法//此处不能有方法体
    定义一般方法//此处可以包含方法体
    ……
}
```

有关抽象类说明如下:
(1) 抽象类只能声明对象,而不能创建具体对象即不能被实例化。
(2) 在抽象类中,可以包含抽象方法,也可以包含非抽象方法,也可以不包含抽象方法。
(3) 包含抽象方法的类一定是抽象类。
(4) 如果一个类是某个抽象类的子类,那么该子类既可以抽象类,也可以是非抽象类。
(5) 当抽象类的子类是非抽象类时,必须重写父类中所有的抽象方法。

下面我们用一个例子演示抽象类及其中的抽象方法。

【例 4-7】 设计 Vehicle 抽象类表示运输工具,有移动(move)、加速(speedUp)、减速(slowDown)、停止(stop)方法。设计货车类 Van 和轿车 Car 类实现抽象类,并重写抽象类中所有的抽象方法。

抽象类 Vehicle 的内容,代码如下:

```
1  package com.two;
2  public abstract class Vehicle {
3      public abstract void move();
4      public abstract void speedUp();
5      public abstract void slowDown();
6      public abstract void stop();
7  }
```

第 2 行代码中的 abstract 关键字说明 Vehicle 类是一个抽象类,第 3~6 行代码定义了四个抽象方法。

货车类 Van 继承了抽象类 Vehicle，代码如下：

```java
1  package com.two;
2  public class Van extends Vehicle {
3      public void move() {
4          System.out.println("Van在移动");
5      }
6      public void speedUp() {
7          System.out.println("Van在加速");
8      }
9      public void slowDown() {
10         System.out.println("Van在减速");
11     }
12     public void stop() {
13         System.out.println("Van停止");
14     }
15 }
```

第 3～5 行代码重写了父类 Vehicle 中的 move 抽象方法，第 6～8 行代码重写了父类 Vehicle 中的 speedUp 抽象方法，第 9～11 行代码重写了父类 Vehicle 中的 slowDown 抽象方法，第 12～14 行代码重写了父类 Vehicle 中的 stop 抽象方法。

轿车类 Car 也继承了抽象类 Vehicle，代码如下：

```java
1  public class Car extends Vehicle {
2      public void move() {
3          System.out.println("Car在移动");
4      }
5      public void speedUp() {
6          System.out.println("Car在加速");
7      }
8      public void slowDown() {
9          System.out.println("Car在减速");
10     }
11     public void stop() {
12         System.out.println("Car停止");
13     }
14 }
```

Car 类中也重写了父类 Vehicle 中的 move 抽象方法、speedUp 抽象方法、slowDown 抽象方法和 stop 抽象方法。

编写测试类 AbsracteClassTest，代码如下：

```
1   package com.two;
2   public class AbsracteClassTest {
3       public static void main(String[] args) {
4           Vehicle vehicle = new Van();
5           vehicle.move();
6           vehicle.speedUp();
7           vehicle.slowDown();
8           vehicle.stop();
9           vehicle = new Car();
10          vehicle.move();
11          vehicle.speedUp();
12          vehicle.slowDown();
13          vehicle.stop();
14      }
15  }
```

上述代码的运行结果如下：

```
Van 在移动
Van 在加速
Van 在减速
Van 停止
Car 在移动
Car 在加速
Car 在减速
Car 停止
```

第 4 行和第 9 行是将子类的对象赋值给父类的引用变量，故父类的引用变量就变成了相应子类的上转型对象，第 5～8 行和第 10～13 行代码通过上转型对象调用子类中重写的方法。

4.3 接　口

Java 只支持单继承，即一个类只能有一个直接父类。单继承使得 Java 简单、安全、易于管理。然而单继承也是有缺点的，如当子类需要某些内容，而这些内容又不能从父类得到，那么子类就无法实现某些功能。为了克服单继承的缺点，Java 使用了接口，一个类可以同时实现多个接口，这样接口中的全部内容就可以被子类得到。

4.3.1 接口的定义

接口的定义包括接口声明和接口体两部分。接口定义的格式如下：

```
[接口修饰符] interface 接口名称 [extends 父接口名]{
    接口体
}
```

例如：

```
interface Printable {
  public final int MAX = 100;
  public abstract void add();
  float sum(float x ,float y);
}
```

对接口定义说明如下：

（1）接口中全部的数据都是常量，用 public final 修饰。其中，final 关键字可以修饰类中的成员变量、成员方法，甚至可以修饰类。用 final 修饰的成员变量是最终变量，即为常量。程序中的其他部分可以调用该变量，但不能修改该变量的值。用 final 修饰的成员方法是最终方法，该方法不能被子类重写，只能被调用。用 final 修饰的类是最终类，最终类不能被继承，即没有子类。

（2）全部的方法都是抽象方法，用 public abstract 修饰，通常修饰符是可以省略的。

（3）与关键字 class 类似，interface 是声明接口的关键字。

4.3.2 接口的实现

Java 中类与类之间的关系叫"继承"，用 extends 关键字表示。Java 中的类和接口之间的关系叫"实现"，即类实现接口，用 implements 关键字表示。Java 中类继承是"单继承"，即一个类只能有一个直接父类，但是类实现接口却支持"多实现"，即一个类可以同时实现多个接口，这也是接口出现的真正意义。接口和接口之间的关系叫"继承"，一个接口可以继承多个接口，但是接口之间的"继承"关系，在实际开发项目中几乎用不到。所以，我们只来看类和接口之间的实现关系。

接口中的方法都是抽象的，所以当一个类实现了某个接口时，就必须重写接口中所有的方法。定义实现接口类的一般格式如下：

```
［修饰符］class 类名 ［extends 父类名］implements 接口名列表 {
  ［类的成员变量说明］
  ［类的构造方法定义］
  ［类的成员方法定义］
  接口方法定义 // 实现接口方法
}
```

一个类可以通过使用关键字 implements 实现一个或多个接口。当一个类实现了多个接口时，多个接口之间用逗号隔开。例如：

```
class A implements Printable, Addable
```

4.3.3 接口与抽象类

抽象方法可以存在于抽象类中，而接口中所有的方法都是抽象的，从这个角度说，接口是一种特殊的抽象类。那么接口和抽象类之间有什么不同呢？

1. 基本语法不同

接口中所有的方法都是抽象的,即只有方法的定义,没有方法的实现。但是抽象类中可以包含抽象方法,也可以包含非抽象方法,即抽象类中既可以有方法的定义,也可以有方法的实现。如定义一个 Animal 接口和定义一个 Animal 抽象类。

Animal 接口的代码如下:

```
1  package com.four;
2  public interface Animal {
3      public abstract void eat();//吃的功能
4      public abstract void fly();//飞的功能
5  }
```

Animal 抽象类的代码如下:

```
1  package com.three;
2  public abstract class Animal {
3      public abstract void eat();
4      public void fly(){}
5  }
```

从第 1 行代码看出,Animal 接口和 Animal 抽象类由于所属包的不同,故可以同名。从 Animal 接口的第 2 行代码中的 interface 关键字可以看出,该 Animal 是一个接口。从 Animal 抽象类的第 2 行代码中的 abstract class 关键字可以看出,该 Animal 是一个抽象类。

Animal 接口中的第 3、4 行代码是接口中的两个抽象方法,接口中所有的方法都是抽象的,故方法的返回值前面的 public abstract 修饰符是可以省略的,所以第 3 行代码可以简写为:void eat();第 4 行代码可以简写为:void fly()。

Animal 抽象类的第 3 行代码定义了抽象方法,此时 void 前面的 public abstract 不能省略。第 4 行代码定义了抽象类中的非抽象方法,而在接口中是不能定义非抽象方法的。

2. 实现类不同

类和接口之间的关系是类实现接口,而且可以同时实现多个接口。类和类之间的关系叫继承,一个类只能继承一个类。

ConcreateAnimal 类实现接口 Animal,示例代码如下:

```
1  package com.four;
2  public class ConcreateAnimal implements Animal {
3      public void eat() { }
4      public void fly() { }
5  }
```

ConcreateAnimal 类继承抽象类 Animal,示例代码如下:

```
1  package com.three;
2  public class ConcreateAnimal extends Animal {
3      public void eat() { }
4  }
```

上述两个 ConcreateAnimal 类所属的包不同,所以可以重名。类实现接口用 implements 关键字,类继承类用 extends 关键字。

接口实现类 ConcreateAnimal 要重写接口中所有的抽象方法,抽象类的子类 Concreate Animal 只需要重写抽象类中的抽象方法,直接继承抽象类中的非私有的非抽象方法。

3．设计思想不同

"抽象"在面向对象思想中是一个很重要的概念。Java 中实现抽象有两种方式:接口和抽象类。

抽象类是对一组具有相同属性和方法的逻辑上有关系的事物的一种抽象,而接口则是对一组具有相同属性和方法的逻辑上不相关的事物的一种抽象。因此,抽象类表示的是"is a"关系,接口表示的是"like a"关系。在实际的开发中,对于接口和抽象类的选择,反映出设计人员看待问题的不同角度。

【例 4-8】 以动物为例,默认所有的动物都具有吃的功能。设计接口和抽象类。

Animal 接口代码如下:

```
1  package com.five;
2  public interface Animal {
3      void eat();
4  }
```

第 2 行代码中的 interface 关键字说明该 Animal 是接口,第 3 行代码定义了 eat 抽象方法。

Animal 抽象类代码如下:

```
1  package com.six;
2  public abstract class Animal {
3      public abstract void eat();
4  }
```

第 2 行代码中的 abstract class 关键字说明该 Animal 是一个抽象类,第 3 行代码定义了 eat 抽象方法。

不管是实现接口,还是继承抽象类的具体动物,都具有吃的功能,实现接口的具体的动物类的示意代码如下:

```
1  package com.five;
2  public class ConcreateAnimal implements Animal {
3      public void eat() { }
4  }
```

继承抽象类的具体的动物类的示意代码如下:

```
1  package com.six;
2  public class ConcreateAnimal extends Animal {
3      public void eat() { }
4  }
```

具体的动物类不光具有吃的功能,如有些动物还会飞,那么如何设计既会吃又会飞的接口和抽象类呢? 很简单,只需要在接口和抽象类中增加相应的方法即可。

Animal 接口的代码修改如下:

```
1  package com.five;
2  public interface Animal {
3      void eat();
4      void fly();
5  }
```

Animal 抽象类的代码修改如下:

```
1  package com.six;
2  public abstract class Animal {
3      public abstract void eat();
4      public abstract void fly();
5  }
```

此时问题就出现了,当 ConcreateAnimal 不管是实现接口还是继承抽象类,都代表这种动物既会吃也会飞。这是与现实不符的,因为有的动物不会飞,而会飞的也不一定是动物,这就需要把 eat 方法和 fly 方法分开,定义在两个接口或者两个抽象类中。

增加一个 AnimalFly 接口,该接口中只有一个 fly 方法,内容如下:

```
1  package com.five;
2  public interface AnimalFly {
3      void fly();
4  }
```

增加一个 AnimalFly 抽象类,该接口中只有一个 fly 方法,内容如下:

```
1  package com.six;
2  public abstract class AnimalFly {
3      public abstract void fly();
4  }
```

此时,如果这个动物既会吃又会飞,我们可以怎么做呢? 可以让这个动物同时实现只有 eat 方法的 Animal 接口和只有 fly 方法的 AnimalFly 接口,代码如下:

```
1  package com.five;
2  public class ConcreateAnimal1 implements Animal,AnimalFly {
3      public void eat() { }
4      public void fly() { }
5  }
```

从第 2 行代码中的 implements Animal,AnimalFly 可以看出该类既实现了 Animal 接口,也实现了 AnimalFly 接口,当然该类也就需要重写两个接口中的所有方法。第 3 行重写了

Animal 接口中的 eat 方法,第 4 行代码重写了 AnimalFly 接口中的 fly 方法。这就使得该类 ConcreateAnimal 的对象既会吃也会飞。当然,除了同时实现两个接口外,还可以实现只有 eat 方法的 Animal 接口的同时,继承只含有 fly 方法的 AnimalFly 抽象类。具体代码请读者自行完成。

在实际的开发中,究竟是选择接口还是抽象类,这得具体问题具体分析。当然,这也和程序员看待问题的角度和开发习惯有关。一般情况下,能够使用接口实现的不用抽象类。

4.3.4 接口的回调

在面向对象的设计思想中,所有的对象都是通过类来描绘的。但是反过来,并不是所有的类都是用来描绘对象的,如接口和抽象类。因为接口和抽象类没有构造方法,故不能用其来实例化对象。前面讲过"继承中的上转型",即把子类对象赋值给父类的一个引用变量时,这个父类的引用变量就变成了这个子类对象的一个上转型对象。利用上转型对象可以实现"继承中的多态"。接口中也有上转型对象,即把接口的实现类对象赋值给接口的一个引用变量时,这个接口的引用变量就变成了这个实现类对象的一个上转型对象,只不过在接口中我们称为"接口的回调"。通过接口的回调也同样可以实现接口中的多态。

【例 4-9】 目前,我们使用的计算机上都有 USB 接口,鼠标、键盘和麦克风都可以通过 USB 接口与计算机相连。我们来模拟一下计算机的启动和关闭。只有当鼠标、键盘和麦克风都启动成功后,计算机才算启动成功。只有当鼠标、键盘和麦克风都关闭后,计算机才算关闭成功。

从上述分析中,涉及的对象包括 USB 接口、鼠标、键盘、麦克风和计算机。鼠标、键盘和麦克风都通过 USB 和计算机相连,所以需要定义一个 USB 接口,而鼠标、键盘和麦克风是 USB 接口的实现类。USB 接口的内容如下:

```
1  package com.seven;
2  public interface USB {
3      voidturnOn();//启动
4      voidturnOff();//关闭
5  }
```

该 USB 接口中第 3、4 行定义了 turnOn 和 turnOff 方法。

鼠标类实现了 USB 接口,重写了 USB 接口中的 turnOn 和 turnOff 方法,内容如下:

```
1  package com.seven;
2  public class Mouse implements USB{
3      public void turnOn() {
4          System.out.println("鼠标启动");
5      }
6      public void turnOff() {
7          System.out.println("鼠标关闭");
8      }
9  }
```

键盘类实现了 USB 接口,重写了 USB 接口中的 turnOn 和 turnOff 方法,内容如下:

```java
1  package com.seven;
2  public class KeyBoard implements USB{
3      public void turnOn() {
4          System.out.println("键盘启动");
5      }
6      public void turnOff() {
7          System.out.println("键盘关闭");
8      }
9  }
```

麦克风类实现了USB接口,重写了USB接口中的turnOn和turnOff方法,内容如下:

```java
1  package com.seven;
2  public class Mic implements USB{
3      public void turnOn() {
4          System.out.println("麦克风启动");
5      }
6      public void turnOff() {
7          System.out.println("麦克风关闭");
8      }
9  }
```

由于鼠标、键盘、麦克风都是在计算机中使用的,所以需要编写计算机类,内容如下:

```java
1   package com.seven;
2   public class Computer {
3       //计算机上的USB接口
4       private USB[] usbArr = new USB[4];
5       //向计算机上连接USB设备
6       public void addUSB(USB usb){
7           for(int i = 0;i < usbArr.length;i ++){
8               if(usbArr[i] == null){
9                   usbArr[i] = usb;
10                  break;
11              }
12          }
13      }
14      //计算机启动
15      public void powerOn(){
16          //循环遍历所有USB设备
17          for(int i = 0;i < usbArr.length;i ++){
18              if(usbArr[i]!= null){
19                  usbArr[i].turnOn();
20              }
```

```
21      }
22      System.out.println("计算机启动成功");
23   }
24   //计算机关闭
25   public void powerOff(){
26      for(int i = 0;i < usbArr.length;i + +){
27          if(usbArr[i]! = null){
28              usbArr[i].turnOff();
29          }
30      }
31      System.out.println("计算机关闭成功");
32   }
33 }
```

编写测试类,实例化计算机对象,并向计算机对象中添加USB设备,测试类内容如下:

```
1  package com.seven;
2  public class InterfaceTest {
3      public static void main(String[] args) {
4          //创建 Computer 对象
5          Computer computer = new Computer();
6          //向计算机中添加鼠标、键盘、麦克风
7          computer.addUSB(new Mouse());
8          computer.addUSB(new KeyBoard());
9          computer.addUSB(new Mic());
10         //启动计算机
11         computer.powerOn();
12         //关闭计算机
13         computer.powerOff();
14     }
15 }
```

上述代码的运行结果如下:

```
鼠标启动
键盘启动
麦克风启动
计算机启动成功
鼠标关闭
键盘关闭
麦克风关闭
计算机关闭成功
```

第7行代码,通过computer对象调用addUSB方法,并传入Mouse类的对象,但是从Computer类中第6行,我们可以看出,addUSB方法的参数是USB接口的一个引用,当把一

个接口实现类的对象赋值给一个接口引用时,该接口的引用就变成了这个对象的上转型对象,此处称为"接口的回调"。第 7~9 行代码,通过传入不同的实现类对象赋值给接口的引用变量。第 11 行代码,调用 powerOn 方法时,Computer 类的第 19 行代码,通过接口的引用变量调用不同实现类中的 turnOn 方法,此处体现的就是"接口的多态"。

4.3.5 内部类

类的定义包括类的声明和类体两部分。在类体中出现的叫作类的成员。类的成员包括变量、方法、构造器、内部类。本节讲解内部类的问题。

一个类在另一个类的内部定义,这个定义在其他类体中的类称为内部类,包含内部类的类叫外部类。根据内部类是否有 static 修饰,可以将内部类分成静态内部类和非静态内部类。在这一节的学习中,我们要学会回答三个问题:第一,非静态内部类是否可以声明实例变量和静态变量?第二,非静态内部类中如何引用外部类的实例成员和静态成员?第三,如何创建非静态内部类对象?

非静态内部类的使用示例代码如下:

```
1  package com.one;
2  public class OutClass {
3      int a = 9;//实例变量
4      static int b = 8;//静态变量
5      class InnerClass{//非静态内部类
6          int a = 3;
7          //static int b = 4;//非静态内部类不能声明静态成员
8          void info(){
9              System.out.println("外部类中的 a = " + OutClass.this.a);
10             System.out.println("外部类中的 b = " + b);
11             System.out.println("外部类中的 b = " + OutClass.b);
12             System.out.println("内部类中的 a = " + a);
13             System.out.println("内部类中的 a = " + this.a);
14         }
15     }
16 }
```

第 5~15 行代码定义了非静态内部类,其中第 7 行代码编译出错,说明非静态内部类中不能声明静态变量,同样也不能声明静态方法。

第 9 行代码说明在非静态内部类中是通过"外部类名.this."引用外部类的实例变量,第 11 行代码说明在非静态内部类中是通过"外部类."来引用外部类的静态变量,此时"外部类."也可以省略,如第 10 行代码。第 13 行代码说明非静态内部类中是通过"this."来引用内部类中的实例变量,此时 this. 也可以省略,如第 12 行代码所示。

测试类代码如下:

```
1  package com.one;
2  public class Test {
3      public static void main(String[]args) {
4          OutClass.InnerClass innerClass = new OutClass().new InnerClass();
5          innerClass.info();
6      }
7  }
```

第 4 行代码演示了在其他类中如何创建非静态内部类的对象。

关于静态内部类我们也要学会回答三个问题:第一,静态内部类是否可以声明实例变量和静态变量? 第二,静态内部类中如何引用外部类的实例成员和静态成员? 第三,如何创建静态内部类对象? 通过一个例子来了解下静态内部类的知识。

静态内部类的示例代码如下:

```
1   package com.one;
2   public class OutClass1 {
3       int a = 9;//实例变量
4       static int b = 8;//静态变量
5       static class InnerClass{//静态内部类
6           int a = 3;
7           static int b = 4;//静态内部类可以声明静态成员
8           void info(){
9               System.out.println("外部类中的 a = " + new OutClass1().a);
                //外部类中的静态变量前面不能省略外部类名.
10              System.out.println("外部类中的 b = " + b);
11              System.out.println("外部类中的 b = " + OutClass1.b);
12              System.out.println("内部类中的 a = " + a);
13              System.out.println("内部类中的 a = " + this.a);
14              System.out.println("内部类中的 b = " + InnerClass.b);
15              System.out.println("内部类中的 b = " + b);
16          }
17      }
18  }
```

第 5~17 行代码定义了静态内部类,第 6~7 行代码说明在静态内部类中可以定义实例变量和静态变量。第 9 行代码说明静态内部类中只能通过"外部类对象"来调用该外部类的实例变量,第 11 行代码说明静态内部类中通过"外部类名."来调用外部类的静态变量,而此时"外部类名."不能省略。第 12~13 行代码是静态内部类调用本类中的实例变量,第 14~15 行代码是静态内部类调用本类中的静态变量。

测试类代码如下:

```
1  package com.one;
2  public class Test1 {
3      public static void main(String[]args) {
4          OutClass1.InnerClass innerClass1 = new OutClass1.InnerClass();
5          innerClass1.info();
6      }
7  }
```

第 4 行代码演示了在其他类中如何创建静态内部类的对象。

4.3.6 匿名内部类

匿名内部类是一种特殊的内部类,适合用于创建那些只需要使用一次的类。匿名内部类简称匿名类,没有类名,故不能声明对象,但是可以创建对象。使用匿名类创建对象时,只能用关键字 new 借助于超类或接口实现,不具有 static 和 abstract 修饰符,并且不能派生子类。匿名类分为:和类相关的匿名类、和接口相关的匿名类。

1. 和类相关的匿名类

如果存在一个类,并没有声明该类的子类,但是又想使用子类创建一个对象,此时 Java 语言允许定义一个没有类的声明部分的子类类体,称为匿名类。它的功能等同于一个子类,但是由于不存在类名,所以只能创建对象,而不能声明对象。定义匿名类的格式如下:

```
new class Name(){
    匿名类的类体;
}
```

匿名类可以继承父类的方法,也可以重写父类的方法。匿名类属于内部类,符合内部类的一切规则。

与类相关的匿名类的用法,代码如下:

```
1   package com.eight;
2   abstract class Animal{
3       abstract void cry();
4   }
5   public class AnonymousClassTest {
6       public static void main(String[] args) {
7           Animal cat = new Animal() {
8               @Override
9               void cry() {
10                  System.out.println("喵喵");
11              }
12          };
13          cat.cry();
14          Animal dog = new Animal() {
15              @Override
```

```
16      void cry() {
17          System.out.println("旺旺");
18      }
19    };
20    dog.cry();
21  }
22 }
```

上述代码的运行结果如下：

喵喵
旺旺

第 2～4 行代码定义了一个抽象类 Animal，第 3 行代码定义了 Animal 类中的抽象方法 cry。

第 7～12 行代码通过匿名类为抽象类的引用对象 cat 赋值，该匿名类是 Animal 的子类，并且在子类类体中重写了 Animal 类中的抽象方法。当把 Animal 的匿名子类的对象赋值给 Animal 的引用变量 cat 时，cat 就变成了该匿名子类对象的上转型对象。

第 13 行语句通过上转型对象调用匿名子类中重写的父类的方法。

2. 和接口相关的匿名类

如果一个类实现了某个接口，那么 Java 语言允许使用该类创建一个匿名类，被创建后的匿名类只有类体，没有类的声明。

与接口相关的匿名类的用法示例代码如下：

```
1  package com.nine;
2  interface Animal{
3      void cry();
4  }
5  public class AnonymousClassTest1 {
6      public static void main(String[] args) {
7          Animal cat = new Animal() {
8              public void cry() {
9                  System.out.println("喵喵");
10             }
11         };
12         cat.cry();
13         Animal dog = new Animal() {
14             @Override
15             public void cry() {
16                 System.out.println("旺旺");
17             }
18         };
19         dog.cry();
20     }
21 }
```

上述代码的运行结果如下：

喵喵
旺旺

第 2~4 行代码定义了一个接口 Animal,第 3 行代码定义了接口中的方法 cry,因为接口中所有方法都是抽象的,故 cry 方法也是抽象的。

第 7~11 行代码通过匿名类为接口的引用变量 cat 赋值,该匿名类是接口 Animal 的实现类,并且在实现类类体中重写了接口 Animal 中的抽象方法。当把 Animal 的匿名实现类的对象赋值给 Animal 接口的引用变量 cat 时,cat 就变成了该匿名实现类对象的上转型对象。

第 13 行语句通过上转型对象调用匿名实现类中重写的父接口的方法。

4.4 本章小结

4.1.1 节讲解了什么是"子类",什么是"父类"以及 Java 中的"单继承"。4.1.2 节讲解了子类中通过 super 调用父类中的构造方法,尤其要注意的是,当父类中没有无参构造时,子类构造方法中要显示地用 super 调用父类中的带参构造,否则编译会出错。4.1.3 节介绍了继承中"成员变量隐藏"的概念,并讲解了子类调用父类中被隐藏的成员变量的两种方法。4.1.4 节介绍了成员方法重写的概念。4.1.5 介绍了上转型概念,并由此讲到了 4.1.6 节中的多态。4.2 节讲解了抽象方法和抽象类的声明及各自特点,什么时候使用抽象类及 final 关键字的使用。4.3 节中重点讲解了接口与抽象类在设计思想上的区别,通过例子讲解了接口的回调及接口中的多态,并介绍了内部类的概念和使用,以及与类相关的内部匿名类和与接口相关的内部匿名类的使用。

本章习题

一、选择题

1. 下面关于方法覆盖的描述不正确的是(　　)

A. 覆盖的方法一定不能是 private 修饰的

B. 要求覆盖和被覆盖的方法必须具有相同的访问权限

C. 覆盖的方法不能比被覆盖的方法抛出更多的异常

D. 要求覆盖和被覆盖的方法有相同的名字、参数列表以及返回值

2. 关键字 super 的作用是(　　)

A. 调用父类被隐藏的数据成员

B. 调用父类中被重写的方法

C. 调用父类的构造方法

D. 以上选项都是

3. 下列关于继承的描述正确的是(　　)

A. 子类能继承父类的非私有方法和属性

B. 子类能继承父类所有的方法和属性

C. 子类只能继承父类公有方法和属性

D. 子类不能继承父类的 protected 的方法和属性

4. 下列说法中正确的是（　　）

A. 子类不能定义和父类同名同参数的方法

B. 子类只能继承父类的方法，而不能重载

C. 重载就是一个类中有多个同名但有不同形参的方法

D. 子类只能覆盖父类的方法，而不能重载父类的方法

5. 下列程序的输出结果是（　　）

```java
class B{
    int k;
    public B(){}
    public B(int k){
        this.k = k;
    }
}
public class A extends B{
    public A(){
        k = k + 1;
    }
    public static void main(String[] args){
        A a = new A();
        System.out.println(a.k);
    }
}
```

A. 输出结果为 1　　　　　　　　　B. 输出结果为 0

C. 输出结果为 2　　　　　　　　　D. 编译出错

6. 类 A 是类 B 的子类，类 B 是类 C 的子类，3 个类都定义了方法 method，下列语句（　　）可以在类 A 的方法中调用类 C 的 method 方法。

A. method();　　　　　　　　　　B. super.method();

C. new C().method();　　　　　　 D. new A().method();

7. Outer 类中定义了一个实例成员内部类 Inner，需要在主方法中创建 Inner 类的实例对象，以下 4 种方式中哪种是正确的？（　　）

A. Inner in＝new Inner();

B. Inner in＝new Outer.Inner();

C. Outer.Inner in＝new Outer.Inner();

D. Outer.Inner in＝new Outer().new Inner()

8. 阅读下列代码：

```
class Outer{
  public class Inner1{}
  public static class Inner2{}
}
```

则在测试类 Test 中,下列语句正确的是(　　)

A. Outer.Inner1 obj=new Outer.Inner1();

B. Outer.Inner2 obj=new Outer.Inner2();

C. Outer.Inner1 obj=new Outer.Inner1().new Inner1();

D. Outer.Inner2 obj=new Outer().new Inner2();

9. 下列程序的运行结果是(　　)

```
class Base{
Base(){
  System.out.println("Base");
}
}
class Test extends Base{
  public static void main(String[] args){
    new Test();
    new Base();
  }
}
```

A. 编译出错　　B. Base　　C. Base Base　　D. 无输出结果

10. 已知类定义如下:

```
abstract class Person{
  public abstract void call();
}
class Student extends Person{
  public void call(){}
}
```

下面语句正确的是(　　)

A. Person obj=new Student()

B. Student obj=new Person();

C. Person obj=new Person();

D. 以上都错

11. 下面关于构造方法调用的描述正确的是(　　)

A. 子类中定义了自己的构造方法,就不会调用父类的构造方法

B. 创建子类对象时,构造方法的调用顺序是:先调用子类的构造方法,再调用父类的构造

方法

C. 子类必须通过关键字 super 调用父类的构造方法

D. 如果子类的构造方法没有通过 super 调用父类的构造方法,那么子类会调用父类的无参构造方法,再调用子类自己的构造方法。

二、简答题

1. 简述方法重写的概念。
2. 简述上转型对象的特点。
3. 简述多态的概念。
4. 简述抽象类和接口的联系和区别。
5. 简述 final 关键字修饰的变量、方法和类各有什么特点。

三、编程题

1. 定义普通人 Person 类、教师 Teacher 类、学生 Student 类,其中 Teacher 类和 Student 类是 Person 类的子类,Person 类中包含姓名、年龄属性以及显示信息的方法。Student 类除了具有 Person 类的属性外,还有自己的属性:课程成绩、学校,同时有自己的显示信息的方法。Teacher 类除了具有 Person 类的属性外,还有自己的属性:所授课程,同时有自己的显示信息的方法。编写一个测试程序,创建学生和教师对象并显示他们的信息。

2. 使用成员内部类、匿名内部类来描述医院 Hospital 和医生 Doctor 之间的关系。外部类 Hospital 中有医院名字 name 和医生数量 count 属性,内部类医生 Doctor 有医生编号 id 和医生姓名 name 属性及 show() 方法进行信息的显示。

3. 定义一个接口 A,接口中只有一个抽象方法 void printInfo()。

设计一个类 X,该类中定义了两个无返回值的方法 fun1() 和 fun2(A a),其中 fun2(A a)的功能是通过对象 a 调用 printInfo()方法,方法 fun1()的功能是调用 fun2,试编程实现以上接口和类并进行测试。

4. 利用接口实现向上转型。编写程序演示在计算机主板上插入网卡和声卡。PCI 表示主板接口协议,MainBoard 类表示主板类,NetCard 类表示网卡类,SoundCard 表示声卡类,其中 NetCard 和 SoundCard 类实现 PCI 接口。

第 5 章 Java 中常用类

本章学习要点

- 掌握各种常用类的常用方法；
- 理解自动拆箱和自动装箱的概念；
- 掌握正则表达式的使用；
- 掌握 random 方法的使用；
- 理解异常的概念；
- 了解几种常见的异常；
- 掌握 try…catch、throws 和 throw 的使用。

5.1 始祖类 Object

Object 类之所以被称为"始祖类"，是因为 Object 类是所有类的父类，Java 中的所有类都是由 Object 类派生出来的。因此，在 Object 类中定义的方法，在其他类中都可以使用。Object 类中常见的方法如表 5-1 所示。

表 5-1 Object 类中常用的方法

方 法	说 明
public boolean equals(Object obj)	比较两个引用变量是否指向同一对象，如果指向同一对象，则返回 true；否则，返回 false，和"=="等价（注意：== 还可以比较两个基本数据类型变量的值是否相等，相等返回 true；否则，返回 false）
public String toString()	返回该对象的字符串表示：全类名@哈希码（哈希码是用十六进制表示的）
public int hashCode()	返回该对象的散列码值：将内存地址转换成一个整数

【例 5-1】 Object 类中的常用方法示例。

创建 Person 类，代码如下：

```java
1  package com.five.one;
2  class Person{
3      String name;
4      int age;
5      Person(String name,int age){
6          this.name = name;
7          this.age = age;
8      }
9  }
```

第 2 行代码没有显示地指出 Person 类的父类，则 Person 类的直接父类就是 Object，第 2 行代码等价与"class Person extends Object {"。

创建测试类 ObjectTest，代码如下：

```
1  package com.five.one;
2  public class ObjectTest {
3      public static void main(String[] args) {
4          Person p1 = new Person("张三",10);
5          Person p2 = new Person("张三",10);
6          System.out.println("p1.hashCode() = " + p1.hashCode());
7          System.out.println("p2.hashCode() = " + p2.hashCode());
8          System.out.println("p1.toString() = " + p1);
9          System.out.println("p2.toString() = " + p2);
10         System.out.println("p1.equals(p2) = " + p1.equals(p2));
11         System.out.println("(p1 == p2) = " + (p1 == p2));
12     }
13 }
```

上述代码的运行结果如下：

```
p1.hashCode() = 22307196
p2.hashCode() = 10568834
p1.toString() = com.Person@154617c
p2.toString() = com.Person@a14482
p1.equals(p2) = false
(p1 == p2) = false
```

ObjectTest 类中第 4 行和第 5 行代码分别创建了两个 Person 类的引用变量 p1 和 p2，并且指向了不同的 Person 类对象。

第 6、7 行代码输出引用变量 p1、p2 所指向对象的散列码值，该值的不同说明 p1 和 p2 所指向的对象不同。

第 8、9 行代码输出 p1 和 p2 所指向对象的一个字符串：全类名@哈希码，该值的不同同样说明 p1 和 p2 所指向的对象不同。

第 10 行代码，当使用 equals 比较两个引用变量时，当两个引用变量指向同一个对象时，则返回 true，否则返回 false，由第 6、7 行或者第 8、9 行代码的分析，得出第 10 行代码的结果为 false。

第 11 行代码，"=="除了可以比较两个基本数据类型变量的值是否相等之外，还可以比较两个引用变量是否指向同一个对象，此时，"=="和 equals 完全等价，故第 11 行代码的输出结果和第 10 行代码的输出结果完全相同，也是 false。

从上述结果看出，Person 类继承了 Object 类，也就继承了 Object 类中的 equals、hashCode、toString 等方法。在 Java API 中的一些类，如 String 类、Date 类等都根据自身特点，重写了 Object 类中的 equals、hasCode、toString 等方法。当然，Person 类也可以重写 equals、hasCode、toString 这些方法，代码如下：

```
1  package com.five.one;
2  public class Person1 {
3      String name;
4      int age;
5      Person1(String name,int age){
6          this.name = name;
7          this.age = age;
8      }
   //重写 equals 方法:只要两个对象的名字和年龄相等,就可以判断两个引用变量相等
9      public boolean equals(Object obj){
10         if(! (obj instanceof  Person1)){
11             return false;
12         }else {
13             Person1 p = (Person1) obj;
14             return p.name.equals(this.name) && p.age == this.age;
15         }
16     }
17     //一般情况下:只要重写了 equals 方法,都会重写 hashCode 方法
18     //重写 hashCode 方法,返回对象 name 成员变量的哈希值与 11 倍年龄的和
19     public int hashCode(){
20         return this.name.hashCode() + 11 * this.age;
21     }
22     //重写 toString 方法
23     public String toString(){
24         return this.name + "的年龄是:" + this.age;
25     }
26 }
```

第 9~16 行代码重写了 Object 类中的 equals 方法,第 10~15 行代码为一条 if..else 语句,第 10 行代码中的"instanceof"运算符,用于判断 obj 的实参对象是否是 Person1 类或其子类的对象,如果 obj 的实参对象是 Person1 类或其子类的对象,则"obj instance of Person1"返回 true,否则,返回 false。第 10 行代码中的条件"!(obj instanceof Person1)"的含义是:当 obj 的实参对象不是 Person1 类的对象时,Person1 对象和"非 Person1"对象是不相等的,返回 false。

第 13 行代码,当 obj 的实参对象是 Person1 类或其子类对象时,就可以将 obj 强制转换成 Person1 类对象。

第 14 行代码有两个条件,第一个条件是:p.name.equals(this.name),比较的是 this 和 p 两个引用变量的成员变量 name 是否相等,因为 name 是 String 类型的变量,所以需要用 equlas 方法来比较,而且此处的 equals 方法是 String 类重写后的方法。第二个条件是:p.age == this.age,用"=="比较两个基本数据类型变量的值是否相等。

由此可以看出,第 9~16 行代码重写了 equals 方法后,两个引用变量相等的条件不再是指向同一个对象了,而是指向对象的 name 和 age 成员变量相等。

第 19～21 行代码重写了 hashCode 方法,该方法返回的不再是内存地址转变的整数,而是 name 成员变量的哈希值与 11 倍年龄的和。

第 23～25 行代码重写了 toString 方法,返回的不再是"全类名@哈希码"。

重新编写测试类文件 ObjectTest1.java,代码如下:

```
1  package com.five.one;
2  public class ObjectTest1 {
3      public static void main(String[] args) {
4          Person1 p1 = new Person1("张三",10);
5          Person1 p2 = new Person1("张三",10);
6          System.out.println("p1.hashCode() = " + p1.hashCode());
7          System.out.println("p2.hashCode() = " + p2.hashCode());
8          System.out.println("p1.toString() = " + p1);
9          System.out.println("p2.toString() = " + p2);
10         System.out.println("p1.equals(p2) = " + p1.equals(p2));
11         System.out.println("(p1 == p2) = " + (p1 == p2));
12     }
13 }
```

上述代码的运行结果如下:

```
p1.hashCode() = 774999
p2.hashCode() = 774999
p1.toString() = 张三的年龄是:10
p2.toString() = 张三的年龄是:10
p1.equals(p2) = true
(p1 == p2) = false
```

第 4、5 行代码创建了 name 和 age 成员变量完全相同的 Person1 类的两个对象,并分别赋值给两个 Person1 类的引用变量 p1,p2。

第 6、7 行代码通过引用变量调用重写后的 hashCode 方法,由于第 4、5 行代码创建的两个对象的成员变量 name 和 age 完全相同,故 hashCode 方法的返回值相等。

第 8、9 行代码通过引用变量调用重写后的 toString 方法。

第 10 行代码通过引用变量调用的是重写后的 equals 方法,根据判断条件,第 10 行代码输出 true。

第 11 行代码,"=="比较的仍然是两个引用变量是否指向同一个对象,故第 11 行代码输出 false。

5.2　String 类和 StringBuffer 类

String 类和 StringBuffer 类是字符串的两个常用类,本节重点讲解这两个类中的常用方法及区别。

5.2.1　String 类的初始化

String 类的初始化是指可以通过字符串常量和构造方法,给 String 类型的引用变量赋初值。所谓的字符串常量是用一对双引号引起来的,如"Java""student"等都是字符串常量。因为字符串的使用率很高,为了减少内存开销,避免字符串的重复创建,JVM为其维护了一块特殊的内存空间,称为"字符串池(String pool)"。值得注意的是,字符串常量也是一个String类的对象,故可以将字符串常量直接赋值给一个String类的引用变量。如:

```
String s1 = "Java";
String s2 = "Java";
```

上述代码将同一个字符串常量即同一个String类型的对象赋值给两个String类型的引用变量,所以s1和s2指向了同一个String类的对象。

除了可以通过字符串常量给String类型的引用变量赋值外,还可以通过String类的构造方法给String类的引用变量赋值。String类常用的构造方法如表5-2所示。

表5-2 String类的构造方法表

方 法	说 明
String()	创建内容为空的字符串
String(String value)	根据字符串常量创建对象
String(char[] arr)	根据指定的字符数组创建对象
String(byte[] arr)	根据指定的字节数组创建对象

String类的构造方法示例代码如下:

```
1  package com.five.two;
2  public class StringConstructer {
3      public static void main(String[] args) {
4          String s1 = "Java";
5          String s2 = new String();
6          String s3 = new String("Java");
7          char[] charArr = {'J','a','v','a'};
8          String s4 = new String(charArr);
9          byte[] byteArr = {97,98,99};
10         String s5 = new String(byteArr);
11         System.out.println(s1);
12         System.out.println(s2);
13         System.out.println(s3);
14         System.out.println(s4);
15         System.out.println(s5);
16     }
17 }
```

上述代码的运行结果如下:

```
Java

Java
Java
abc
```

第 4 行代码是通过字符串常量"Java"给 String 类型的引用变量 s1 赋值,故第 11 行代码输出的内容为 Java。第 5 行代码是通过构造方法 String()为 String 类型的引用变量 s2 赋值为空串,故第 12 行代码输出结果为空。第 6 行代码是通过参数为字符串常量的构造方法为 String 类型的引用变量 s3 赋值,故第 13 行代码输出结果为 Java。第 8 行代码是通过参数为字符数组的构造方法为 String 类型的引用变量 s4 赋值,故第 14 行代码输出结果为 Java。第 10 行代码是通过参数为字节数组的构造方法为 String 类型的引用变量 s5 赋值,故第 15 行代码的输出结果为 abc。

5.2.2 String 类的常用方法

String 类的常用方法有很多,我们只列举经常用的方法,如表 5-3 所示。

表 5-3 String 类常用方法表

方法声明	功能描述
public int length()	返回字符串中字符的个数,即字符串的长度
public boolean equals(Object obj)	字符串与指定对象 obj 有相同的字符序列时,返回 true;否则,返回 false
public boolean equalsIgnoreCase(String str)	如果两个字符串的长度相同,并且其中的字符都相等(忽略字符大小写),则返回 true;否则,返回 false
int indexOf(int ch)	返回参数 ch 字符在字符串中首次出现的索引位置,索引值从 0 开始,如果找不到,则返回 −1
int lastIndexOf(int ch)	返回参数 ch 字符在字符串中最后出现的索引位置,索引值从 0 开始,如果找不到,则返回 −1
char charAt(int index)	返回字符串中 index 位置上的字符,其中,index 的取值范围:0~字符串长度−1
boolean endsWith(String str)	判断字符串是否以指定的字符串结尾
boolean startWith(String str)	判断字符串是否以指定的字符串开始
boolean contains(String str)	判断字符串是否包含指定的字符串
boolean isEmpty()	当且仅当字符串长度为 0 时,返回 true
char[] toCharArray()	将字符串转换为一个字符数组
String subString(int index)	返回一个子串,该子串从 index 位置开始直到此字符串结束
String subString(int beginIndex, int endIndex)	返回一个子串,该子串从 beginIndex 开始,直到 endIndex-1 结束
String trim()	返回一个新的字符串,去掉了原字符串的首尾空格
String concat(String str)	返回一个新的字符串,该字符串是在原来的字符串末尾加 str

String 类的常用方法示例代码如下:

```
1  package com.five.two;
2  public class MethodInStringTest {
3      public static void main(String[] args) {
4          String s1 = new String("Java");
5          String s2 = new String("java");
6          String s3 = new String("StudyJava");
```

```
7        System.out.println("s1 的长度是:" + s1.length());
8        System.out.println(s1.equals(s2));
9        System.out.println(s1.equalsIgnoreCase(s2));
10       System.out.println(s1.indexOf('J'));
11       System.out.println(s1.lastIndexOf('a'));
12       System.out.println(s1.charAt(2));
13       System.out.println(s3.endsWith("Java"));
14       System.out.println(s3.startWith("study"));
15       System.out.println(s3.contains(s1));
16       System.out.println(s3.isEmpty());
17       System.out.println(s3.toCharArray());
18       System.out.println(s3.subString(5));
19       System.out.println(s3.subString(0,5));
20       System.out.println(s3.concat("? OK"));
21       System.out.println(s3 + "? OK");
22       System.out.println(s3);
23    }
24 }
```

上述代码的运行结果如下：

```
s1 的长度是:4
false
true
0
3
v
true
false
true
false
StudyJava
Java
Study
StudyJava? OK
StudyJava? OK
StudyJava
```

第 4、5、6 行代码分别创建了三个字符串对象,并赋值给三个 String 类型的引用变量。第 7 行代码输出 s1 字符串的长度,即 s1 中字符的个数,为 4。

第 8 行代码利用 equals 比较 s1 和 s2 中对应位置的字符是否相等,返回 false。

第 9 行代码是忽略大小写比较 s1 和 s2 中对应位置的字符是否相等,返回 true。

第 10 行代码输出 s1 中字符'J'的索引下标,为 0。

第 11 行代码输出 s1 中字符'a'最后一次出现的索引下标,为 3。

第 12 行代码输出 s1 中索引下标为 2 的字符,为'v'。
第 13 行代码判断 s3 是否以"Java"结尾,输出 true。
第 14 行代码判断 s3 是否以"study"开头,输出 true。
第 15 行代码判断 s3 是否包含 s1,输出 true。
第 16 行代码判断 s3 是否为空,即长度是否为 0,输出 false。
第 17 行代码将 s3 转换为字符数组,输出 StudyJava。此行代码可以换成用循环语句输出字符数组中的内容,读者请自行尝试。
第 18 行代码输出 s3 中下标从 5~s3.length-1 的字符子串,输出 Java。
第 19 行代码输出 s3 中下标从 0~4 的字符子串,输出 Study。
第 20 行代码将 s3 和"? OK"连成一个新的字符串,输出 StudyJava? OK。
第 21 行代码通过"+"连接符,将 s3 与"? OK"连成一个新的字符串,输出 StudyJava? OK。
第 22 行代码输出 s3 的值,为"StudyJava"。虽然经过第 20 行和第 21 行代码的连接操作,但是并没有改变 s3 原本的内容,这就证明了 String 类型的对象,一旦被创建,其长度和内容是不能改变的。

5.2.3 StringBuffer 类

String 类型的对象一旦创建,其长度和内容是不可以改变的。为了便于对字符串进行修改,Java 8 提供了 StringBuffer 类。该类的构造方法如表 5-4 所示。

表 5-4 StringBuffer 类构造方法表

方法	说明
StringBuffer()	创建不带字符的 StringBuffer 对象
StringBuffer(int length)	创建一个不带字符的 StringBuffer 对象,但具有指定初始容量长度为 length 的字符串缓冲区
StringBuffer(String str)	创建一个内容初始化为指定的字符串 str 的 StringBuffer 对象

StringBuffer 类的构造方法示例代码如下:

```
1  package com.five.two;
2  public class StringBufferConstructerTest {
3      public static void main(String[] args) {
4          StringBuffer s1 = new StringBuffer();
5          StringBuffer s2 = new StringBuffer(16);
6          StringBuffer s3 = new StringBuffer("Java");
7          System.out.println("s1 的容量:" + s1.capacity());
8          System.out.println("s1 的长度:" + s1.length());
9          System.out.println("s2 的容量:" + s2.capacity());
10         System.out.println("s2 的长度:" + s2.length());
11         System.out.println("s3 的容量:" + s3.capacity());
12         System.out.println("s3 的长度:" + s3.length());
13     }
14 }
```

上述代码的运行结果如下：

```
s1 的容量:16
s1 的长度:0
s2 的容量:16
s2 的长度:0
s3 的容量:20
s3 的长度:4
```

StringBuffer 类的对象不仅有长度 length，还有容量 capacity。其中，长度是指 StringBuffer 类对象中字符的个数，而容量是指 StringBuffer 类对象中可以容纳的字符个数，而且 StringBuffer 类对象的容量会随着长度的增加而没有规律地增大。

第 4 行代码创建了不带任何字符的 StringBuffer 对象，并将其赋值给 StringBuffer 类的引用变量 s1，第 7 行代码输出 s1 的容量为 16，第 8 行输出 s1 的长度为 0。当不指定 StringBuffer 对象的容量时，默认是 16，故第 7 行代码输出 16。

第 5 行代码创建了初始容量为 16 的 StringBuffer 类对象，并将其赋值给 StringBuffer 类的引用变量 s2，第 9 行代码输出 s2 的容量为 16，第 10 行代码输出 s2 的长度为 0。

第 6 行代码创建了初始值为"Java"的 StringBuffer 对象，并将其赋值给 StringBuffer 类的引用变量 s3，第 11 行代码输出 s3 的容量为 20，第 12 行代码输出 s3 的长度为 4。

StringBuffer 类的常用方法如表 5-5 所示。

表 5-5　StringBuffer 类常用方法表

方　法	说　明
StringBuffer append(char c)	添加参数 c 到 StringBuffer 对象中
StringBuffer insert(int offset,String str)	在 StringBuffer 对象的 offset 位置添加 str
StringBuffer deleteCharAt(int index)	删除 StringBuffer 对象 index 位置的字符
StringBuffer delete(int start,int end)	删除 StringBuffer 对象从 start 到 end-1 之间的字符串
StringBuffer replace(int start,int end,String s)	用 s 替换到 StringBuffer 对象中 start 到 end-1 之间的字符串
void setCharAt(int index,char ch)	用 ch 代替 StringBuffer 对象 index 位置的字符
String toString()	返回 StringBuffer 缓冲区的字符串
StringBuffer reverse()	反转 StringBuffer 对象中的字符串序列

StringBuffer 类的构造方法和常用方法示例代码如下：

```java
1  package com.five.two;
2  public class MethodInStringBufferTest {
3      public static void main(String[] args) {
4          StringBuffer s1 = new StringBuffer();
5          System.out.println(s1.toString());
6          s1.append("Java");
7          System.out.println(s1);
8          s1.insert(0,"Loveo");
9          System.out.println(s1);
```

```
10      s1.deleteCharAt(4);
11      System.out.println(s1);
12      s1.delete(0,4);
13      System.out.println(s1);
14      s1.replace(0,4,"avaj");
15      System.out.println(s1);
16      s1.setCharAt(3,'J');
17      System.out.println(s1);
18      s1.reverse();
19      System.out.println(s1);
20   }
21 }
```

上述代码的运行结果如下：

```
Java
LoveoJava
LoveJava
Java
avaj
avaJ
Java
```

第 4 行代码创建了不带任何字符的 StringBuffer 对象，并将其赋值给 StringBuffer 类的引用变量 s1。

第 5 行代码调用 toString 方法，该方法返回 s1 对象中的所有字符，因为 s1 中没有字符，故输出空。

第 6 行代码通过 append 方法，向 s1 中追加"Java"字符串。

第 7 行代码与第 5 行代码完全等价，当输出一个对象时，默认调用 toString 方法，故第 7 行输出"Java"。

第 8 行代码通过 insert 方法，从 s1 的 0 索引处添加"Loveo"字符串。

第 9 行代码输出 s1 中的字符串为：LoveoJava。

第 10 行代码删除 s1 中索引为 4 的字符，即 o。

第 11 行代码输出 s1 中的字符串为：LoveJava。

第 12 行代码删除 s1 中索引为 0~3 的字符串。

第 13 行代码输出 s1 中的字符串为：Java。

第 14 行代码将 s1 中 0~3 索引处的字符串替换为：avaj。

第 15 行代码输出 s1 中的字符串为：avaj。

第 16 行代码将 s1 索引为 3 的字符设置为：J。

第 17 行代码输出 s1 中的字符串为：avaJ。

第 18 行代码将 s1 中的字符串倒置。

第 19 行代码输出 s1 中的字符串为：Java。

从运行结果可以看出,从程序开始到程序结束,都只有一个 StringBuffer 类的引用对象 s1,所有的增、改操作都是在 s1 上做的修改,不会产生新的 StringBuffer 类的对象。

StringBuffer 类与 String 类的区别在哪里呢?

(1) 该类与 String 类的最大区别在于它的内容和长度都是可以改变的。StringBuffer 类类似一个字符容器,当在其中添加或删除字符时,并不会产生新的 StringBuffer 对象。在操作字符串时,如果该字符串仅用于表示数据类型,用 String 类即可。但是如果需要对字符串中的字符进行增删改操作时,则使用 StringBuffer 类。

(2) String 类重写了 Object 类的 equals 方法,而 StringBuffer 类却没有。

(3) String 类的对象可以用操作符"+"进行连接,而 StringBuffer 类对象却不能。

5.2.4 Java 中的正则表达式

正则表达式是一种可以用于模式匹配和替换的规范。一个正则表达式就是由普通的字符(如字符 a~z)以及特殊字符(元字符)组成的文字模式,它用以描述在查找文字主体时待匹配的一个或多个字符串。正则表达式涉及元字符和限定符两个概念。

(1) 元字符,是指一些具有特殊意义的字符。正则表达式中常见的元字符见表 5-6 所示。

表 5-6 正则表达式中常用的元字符表

元字符	正则表达式的写法	说明
.	"."	代表任意一个字符
\d	"\\d"	代表 0~9 的任何一个数字
\D	"\\D"	代表任何一个非数字字符
\s	"\\s"	代表空白字符,如"\t''和''\n"
\S	"\\S"	代表非空白字符
\W	"\\W"	代表不可用于标识符的字符
\p{Lower}	\\p{Lower}	代表小写字母{a~z}
\p{Upper}	\\p{Upper}	代表大写字母{A~Z}
\p{ASCII}	\\p{ASCII}	ASCII 字符
\p{Alpha}	\\p{Alpha}	字母字符
\p{Digit}	\\p{Digit}	十进制数字,即 [0~9]
\p{Alnum}	\\p{Alnum}	数字或字母字符
\p{Punct}	\\p{Punct}	标点符号:!"#$%&'()*+,-./:;<=>?@[\]^_`{|}~
\p{Graph}	\\p{Graph}	可见字符:[\p{Alnum}\p{Punct}]
\p{Print}	\\p{Print}	可打印字符:[\p{Graph}\x20]
\p{Blank}	\\p{Blank}	空格或制表符:[\t]
\p{Cntrl}	\\p{Cntrl}	控制字符:[\x00-\x1F\x7F]

(2) 限定符,是用来限定元字符出现的次数。正则表达式中常见的限定符见表 5-7 所示。

表 5-7 正则表达式中常用的限定符

限定符	说　明
?	零次或一次
*	零次或多次
+	一次或多次
{n}	正好出现 n 次
{n,}	至少出现 n 次
{n,m}	出现 $n \sim m$ 次
[abc]	限定 a、b、c 只能出现一个

【例 5-2】 在某些注册页面,经常会要求用户输入手机号,编程实现手机号码的验证。下面,我们通过验证手机号的例题来感受下正则表达式的使用,代码如下:

```java
1  import java.util.regex.Matcher;
2  import java.util.regex.Pattern;
3  public class RegexTest {
4      public static   String answer = "Y";
5      public static final String   regex = "0\\d{2,3}[-]? \\d{7,8}|13[0-9]\\d{8}|15[1089]\\d{8}";
6      public static void regist(){
7          while(answer.equalsIgnoreCase("Y")){
8              System.out.println("请输入您的电话号码");
9              Scanner scanner = new Scanner(System.in);
10             String phone = scanner.next();
11             Pattern pattern = Pattern.compile(regex);
12             Matcher matcher = pattern.matcher(phone);
13             boolean flag = matcher.matches();
14             if(flag){
15                 System.out.println("电话号码输入正确,注册成功");
16             }else{
17                 System.out.println("电话号码格式有误");
18             }
19             System.out.println("按 Y/y 继续输入,按其他键退出");
20             answer = scanner.next();
21         }
22         System.out.println("注册结束");
23     }
24     public static void main(String[] args) {
25         regist();
26     }
27 }
```

上述代码的运行结果如下:

```
请输入您的电话号码
0317-8888888
电话号码输入正确,注册成功
按 Y/y 继续输入,按其他键退出
y
请输入您的电话号码
03178-8888888
电话号码格式有误
按 Y/y 继续输入,按其他键退出
y
请输入您的电话号码
15800000000
电话号码输入正确,注册成功
按 Y/y 继续输入,按其他键退出
r
注册结束
```

第 3 行代码定义了类 RegexTest,第 4、5 行代码定义了该类的成员变量。第 6~23 行代码定义了该类的静态方法 register。第 24~26 行代码是主方法,在主方法中调用了 register 方法。

第 7~21 行代码是一个 while 循环语句,第 10 行代码接收用户从控制台输入的电话号码,第 11 行代码编译 regex 变量中存储的正则表达式,第 12 行代码创建给定输入模式的匹配器,第 13 行代码得到匹配结果存储到 boolean 类型的变量 flag 中,若输入的电话号码 phone 与正则表达式 regex 匹配,则匹配结果为 true,即 flag 的值为 true,否则为 false。第 14~18 行代码为一条 if…else 语句,根据匹配结果输出不同的提示语句。第 19 行代码输出提示语句,第 20 行代码接收用户从控制台输入的内容,当用户输入"Y"或者"y"时,再次进行下一次循环,否则,循环结束。

我们重点来分析一下第 5 行语句中的正则表达式:

```
"0\\d{2,3}[-]? \\d{7,8}|13[0-9]\\d{8}|15[1089]\\d{8}"
```

0\\d{2,3}[-]? \\d{7,8}用来匹配固定电话,固定电话是由区号和号码组成,区号是以 0 开头的,"\\d"代表 0~9 的数字,"\\d{2,3}"代表 0~9 的数字出现 2~3 次,如沧州的区号是 0317,上海的区号是 021。"[-]"代表此处的字符是"-","[-]?"代表"-"出现 0 次或者 1 次。"\\d{7,8}" 代表 0~9 的数字出现 7~8 次。经过分析得出,0317-8888888、03178888888、0218888888、021-8888888、031788888888 等都与正则表达式匹配,而 03174-999999 不匹配。

"|"或运算符后面的"13[0-9]\\d{8}|15[1089]\\d{8}"是用来匹配手机号的。

手机号码是 11 位数,并且以数字 1 开头。该正则表达式验证以 13 或 15 开头的手机号码,以 13 开头的手机号,"[0-9]"代表 13 后面可以出现 0~9 中的任意数字,"\\d{8}"代表 0~9 中的数字出现 8 次。以 15 开头的电话号码,"[1089]"代表第 3 位数字只能是 1、0、8、9 中的一个,"\\d{8}"代表 0~9 中的数字出现 8 次。经过分析,13000000000、13400000000、15000000000、15900000000 等都与正则表达式匹配,而 15700000000 等不匹配。

5.3 包 装 类

Java 中的数据类型分为基本的数据类型和引用的数据类型两种。Java 是一种面向对象的编程语言,Java 中的类把方法与数据类型连接在一起。但是 Java 中却不能定义基本类型对象,如 int a=8;该语句中的 a 为基本类型数据,不能被视为对象处理,也就不能连接相关方法,这给编程开发带来了一定的不便。

从 Java5 开始,Java 为每个基本类型都提供了包装类,如 int 型数值的包装类 Integer,boolean 型数值的包装类 Boolean 等。有了包装类,可以很方便地将基本类型的数据转换为对应的类对象,这叫作"自动装箱"。也可以很方便地将包装类对象转换为对应的基本数据类型的数据,这叫作"自动拆箱"。例如:

```
Integer integer = 5;//将基本类型的数值 5 赋值给 Integer 类的对象,实现"自动装箱"
int a = integer;//将 Integer 对象 integer 赋值给基本类型的变量,实现"自动拆箱"。
```

包装类用得最多的场合就是和字符串进行相互转换:把一个数值型的字符串转换为数值,把一个数值转换为字符串,在各种包装类中都提供了相应的方法,总结如表 5-8 所示。

表 5-8 包装类及其常用的方法

数据类型	包装类	常用方法	方法说明
int	Integer	int parseInt(String s)	返回数值型字符串 s 对应的 int 数值
		Integer valueOf(String s)	返回保存指定的 String 值的 Integer 对象
		String toString()	返回一个表示该 Integer 值的字符串
float	Float	float parseFloat(String s)	返回数值型字符串 s 对应的 float 数值
		Float valueOf(String s)	返回保存指定的 String 值的 Float 对象
		String toString()	返回一个表示该 Float 值的 String 对象
double	Double	double parseDouble(String s)	返回数值型字符串 s 对应的 double 数值
		Double valueOf(String s)	返回保存指定的 String 值的 Double 对象
		String toString()	返回一个表示该 Double 值的 String 对象
boolean	Boolean	boolean parseBoolean(String s)	返回字符串 s 对应的 boolean 值
		Boolean valueOf(String s)	返回一个用指定的字符串表示的 Boolean 值
		String toString()	返回表示该 Boolean 值的 String 对象

Number 类是一个抽象类,也是一个超类(即父类)。Number 类属于 java.lang 包,所有的包装类(如 Double、Float、Byte、Short、Integer 和 Long)都是抽象类 Number 的子类。包装类不仅仅限于表 5-8 中的四种,其他的包装类读者可以查阅 API 进行自学。

valueOf(String s)可以将一个字符串转换成包装类的对象,parseXXX(String s)可以将一个字符串 s 转换为 XXX 类型的基本数值,而 toString 方法可以将包装类的对象转换为字符串,在实际开发中经常会用到包装类和字符串之间的互相转换。

包装类对象与字符串相互转换的示例代码如下:

```
1  package com.five.two;
2  public class PackClassTest {
3      public static void main(String[] args) {
4          Integer integer = new Integer(123);
5          System.out.println("Integer 类的引用变量 integer 转换为字符串为：
6                          " + integer.toString());
7          int i = integer.parseInt("456");
8          System.out.println("将字符串'456'转换为 int 基本数据类型的变量 i 为:" + i);
9          integer = integer.valueOf("789");
10         System.out.println("将字符串'789'转换为 Integer 类的对象为:" + integer);
11         Boolean b = new Boolean("true");
12         System.out.println("Boolean 类的引用变量 b 转换为字符串:" + b.toString());
13         boolean b1 = b.parseBoolean("false");
14         System.out.println("将字符串 false 转换为 boolean 基本数据类型为:" + b1);
15         b = b.valueOf("false");
16         System.out.println("将字符串 false 转换为 Boolean 类的对象为:" + b);
17     }
18 }
```

上述代码的运行结果如下：

Integer 类的引用变量 integer 转换为字符串为:123
将字符串'456'转换为 int 基本数据类型的变量 i 为:456
将字符串'789'转换为 Integer 类的对象为:789
Boolean 类的引用变量 b 转换为字符串:true
将字符串 false 转换为 boolean 基本数据类型为:false
将字符串 false 转换为 Boolean 类的对象为:false

5.4 Math 和 Random 类

Math 类是数学操作类，提供了一系列用于数学运算的静态方法，常用方法如表 5-9 所示。

表 5-9 Math 类常用方法

常用方法	方法说明
double round(double d)	对 d 进行四舍五入
double random()	返回大于等于 0.0 小于 1.0 的随机值

Math 类中有一个 random 方法，可以产生 0.0～1.0 之间的随机数值。相对于 Math 类的 random 方法，Random 类提供了更多的方法来生成各种伪随机数，不仅可以生成整数类型的随机数，还可以生成浮点类型的随机数。表 5-10 列举了 Random 类中的常用方法。

表 5-10 Random 类中的常用方法

常用方法	方法说明
boolean nextBoolean()	随机生成 boolean 类型的随机数
doubel nextDouble()	随机生成 double 类型的随机数
float nextFloat()	随机生成 float 类型的随机数
int nextInt()	随机生成 int 类型的随机数
int nextInt(n)	随机生成 0~n 之间 int 类型的随机数
long nextLong()	随机生成 long 类型的随机数

有关 Math 类中 random 方法的使用在前面章节中有所介绍,这里主要通过"随机点名器"的例子来讲解 Random 类生成随机数的用法。

【例 5-3】 编程实现"随机点名器"。

首先,将名字存储到字符串数组中,名字可以通过控制台输入。然后,通过 Random 类产生随机整数,取出数组中下标为该整数的名字。代码如下:

```java
package com.five.two;
import java.util.Random;
import java.util.Scanner;
public class RandomCallNameTest {
    //存储学生姓名
    public static void addStudentNames(String[] studnets){
        Scanner scanner = new Scanner(System.in);
        for(int i = 0;i < studnets.length;i++){
            System.out.println("请输入第" + (i+1) + "位同学的名字:");
            studnets[i] = scanner.next();
        }
    }
    //打印全部学生姓名
    public static void printStudentNames(String[] students){
        for(String name:students){
            System.out.println(name);
        }
    }
    //获取随机的学生姓名
    public static String randomStudentName(String[] students){
        int index = new Random().nextInt(students.length);
        return students[index];
    }
    //主方法测试
    public static void main(String[] args) {
        System.out.println("--------随机点名器--------");
        String[] students = new String[3];
        addStudentNames(students);
```

```
29          System.out.println("--------全部同学列表--------");
30          printStudentNames(students);
31          String name = randomStudentName(students);
32          System.out.println("--------随机点到的同学是----");
33          System.out.println(name);
34      }
35  }
```

上述代码的运行结果如下:

```
--------随机点名器--------
请输入第 1 位同学的名字:
小明
请输入第 2 位同学的名字:
小红
请输入第 3 位同学的名字:
小张
--------全部同学列表--------
小明
小红
小张
--------随机点到的同学是----
小红
```

第 6～12 行代码定义了静态方法 addStudentNames,其参数为字符串数组,通过从控制台输入,将全部学生姓名存储到字符串数组中。

第 14～18 行代码定义了静态方法 printStudentNames,其参数为字符串数组,通过 foreach 语句将字符串数组中的元素全部输出来。

第 20～23 行代码定义了静态方法 randomStudentName,第 21 行代码:new Random().nextInt(students.length),其中 new Random()创造了 Random 类的对象,然后调用 nextInt(int i)方法,随机产生 0～students.length-1 闭区间内的任意整数,第 22 行代码返回该随机数对应的数组元素。

5.5 时间和日期类

在 Java 中获取当前时间,可以使用 java.util.Date 类和 java.util.Calendar 类完成。其中,Date 类主要封装了系统的日期和时间的信息,Calendar 类则会根据系统的日历来解释 Date 对象。

5.5.1 Date 类和 SimpleDateFormat 类

Java 中获取时间经常会用到 Date 类,而对时间进行格式化,经常会用到 SimpleDateFormat 类,有关 Date 类和 SimpleDateFormat 类的构造方法和常用方法,读者可以自行阅读 API 文档。

Date 类和 SimpleDateFormat 类的使用示例代码如下：

```
1  package com.five.three;
2  import java.text.SimpleDateFormat;
3  import java.util.Date;
4  public class DateAndSimpleDateFormatTest {
5      public static void main(String[] args) {
6          Date nowTime = new Date();//获取当前时间
7          System.out.println("当前时间为:" + nowTime);
8          String pattern = "yyyy-MM-dd";
9          SimpleDateFormat sdf = new SimpleDateFormat(pattern);
10         System.out.println("当前时间为:" + sdf.format(nowTime));
11     }
12 }
```

上述代码的运行结果如下：

```
当前时间为:Mon Jan 06 14:33:57 CST 2020
当前时间为:2020-01-06
```

第 6 行代码通过 Date 类的无参构造方法获取程序运行时的时间，第 7 行代码输出当前时间。

第 8 行代码格式化日期写法，注意其中的 MM 必须大写。

第 9 行代码创建格式化对象 sdf。

第 10 行代码以"yyyy-MM-dd"格式获取当前时间。

5.5.2 Calendar 类

Calendar 类主要用来处理与日历有关的日期。Calendar 类是一个抽象类，不能创建对象，但是它提供了一个 getInstance() 方法来获得 Calendar 类的对象。getInstance() 方法返回一个 Calendar 对象，其日历字段已由当前日期和时间初始化。

【例 5-4】 编程"获取任意年份任意月份"的日历。

编写 MyCalendar 类，在该类中编写获取日历的方法，代码如下：

```
1  package com.five.three;
2  import java.util.Calendar;
3  public class MyCalendar {
4      private int year,month;
5      public int getYear() {
6          return year;
7      }
8      public void setYear(int year) {
9          this.year = year;
10     }
11     public int getMonth() {
```

```
12          return month;
13      }
14      public void setMonth(int month) {
15          this.month = month;
16      }
17      public String[] getCalendar(){
18          String[] days = new String[42];//存放天数的数组
19          Calendar calendar = Calendar.getInstance();
20          calendar.set(year,month-1,1);
21          int weekDay = calendar.get(Calendar.DAY_OF_WEEK)-1;
22          int day = 0;
23          //判断 day 的值
24          if(month == 1||month == 3||month == 5||month == 7||month == 8
25              ||month == 10||month == 12){
26              day = 31;
27          }else if(month == 2){
28              if((year % 4 == 0&&year % 100!= 0)||(year % 400 == 0)){
29                  day = 29;
30              }else{
31                  day = 28;
32              }
33          }else{
34              day = 30;
35          }
36          //根据 day 设置 days 数组的元素
37          //设置 days 数组下标为 0~weekDay-1 的元素的值为空
38          for(int i = 0;i < weekDay;i++){
39              days[i] = "";
40          }
41          //设置 days 数组下标为 weekday~weekDay+day-1 元素的值
42          for(int i = weekDay,n = 1;i < weekDay + day;i++){
43              days[i] = String.valueOf(n);
44              n++;
45          }
46          //设置 days 数组下标为 weekDay+day~days.length-1 元素的值
47          for(int i = weekDay+day;i < days.length;i++){
48              days[i] = "";
49          }
50          return days;
51      }
52  }
```

第4~16行代码定义了私有变量,并且为私有变量设置 set 和 get 方法。

第17~51行代码定义了 getCalendar()方法,该方法返回一个存放 year 年 month 月的天数数组。

第 21 行代码获取到 year 年 month 月的 1 号是星期几。

第 23~35 行代码获取 month 月的天数。

第 38~40 行代码,如 year 年 month 月的 1 号是星期四,那么日一二三下面对应的日期就是空。

第 42~45 行代码将 1~day 存入到天数数组中。

第 47~49 行代码将 days 数组下标为 weekDay+day~days.length-1 元素的值设置为空。

编写测试类,代码如下:

```java
1  package com.five.three;
2  import java.util.Scanner;
3  public class MyCalendarTest {
4      public static void main(String[] args) {
5          MyCalendar myCalendar = new MyCalendar();
6          Scanner scanner = new Scanner(System.in);
7          System.out.println("请输入年份:");
8          int year = scanner.nextInt();
9          myCalendar.setYear(year);
10         System.out.println("请输入月份:");
11         int month = scanner.nextInt();
12         myCalendar.setMonth(month);
13         String[] days = myCalendar.getCalendar();
14         System.out.println("------" + myCalendar.getYear() +
15                            "年" + myCalendar.getMonth() + "月的日历------");
16         char[] ch = "日一二三四五六".toCharArray();
17         for(char c:ch){
18             System.out.print(c + "\t");
19         }
20         for(int i = 0;i < days.length;i++){
21             if(i % 7 == 0){
22                 System.out.println();
23             }
24             System.out.print(days[i] + "\t");
25         }
26     }
27 }
```

上述代码的运行结果如下:

```
请输入年份：
2019
请输入月份：
10
------2019 年 10 月的日历------
日   一   二   三   四   五   六
              1    2    3    4    5
6    7    8    9    10   11   12
13   14   15   16   17   18   19
20   21   22   23   24   25   26
27   28   29   30   31
```

第 16～19 行代码输出日历第一行。

第 20～25 行代码输出 days 数组中的元素。

5.6 异 常 类

人人都希望身体健康，但是人吃五谷杂粮，难免感冒发烧、头疼脑热，这就叫身体出现异常。程序也如此，在运行的过程中，会发生各种不可预期的事情，这就叫程序的异常。

5.6.1 异常概述

我们先来看一段示例代码：

```
1  package com.five.four;
2  public class ExceptionTest {
3      public static void main(String[] args) {
4          System.out.println("程序开始了");
5          int result = 4/0;
6          System.out.println("4/0 = " + result);
7          System.out.println("程序结束了");
8      }
9  }
```

上述代码编译没有错误，但是运行之后会报如下错误：

```
程序开始了
Exception in thread "main"java.lang.ArithmeticException: / by zero
    at com.com.five.four.ExceptionTest.main(ExceptionTest.java:5)
```

从运行结果可以看出，程序执行了第 4 行代码并输出"程序开始了"，但是当执行第 5 行代码时，因为"除数为 0"，程序被强制终止，并且报了异常：java.lang.Arithmetic Exception。这个异常就代表"除数为 0"的异常。Java 是面向对象的语言，一切都可以看成对象，异常也是如此。Java 把经常出现的异常写成类，所有的异常类都继承自 Exception 类，经常用到的异常类如表 5-11 所示。

表 5-11 异常类

异　常	说　明
ArithmeticException	算术错误,如除以 0
IllegalArgumennntException	方法收到非法参数
ArrayIndexOutOfBoundsException	数组下标出界
NullPointerException	试图访问 null 对象引用
ClassNotFoundException	不能加载请求的类

5.6.2 异常处理

当程序在运行过程中发生异常时,程序会被终止,这会给用户带来非常不好的体验。如用户在登录时,由于用户名输入错误了,程序就突然终止了,这时用户就会懵懵的,能不能在用户输入错误,程序发生异常时,程序还可以继续运行呢？这就是本节要讲的异常处理。

1. 捕获异常

健壮的程序应该在异常发生时捕获(catch)异常对象,并执行相应的异常代码处理,使程序不会因为异常的发生而非正常终止或产生不可预见的结果。

在 Java 中,捕获异常是通过 try-catch-finally 语句实现的,其语法格式如下:

```
try {
    可能发生异常的代码
}catch( Exception e ) {
    异常处理代码
}finally {
    一定会运行的代码
}
```

程序员根据经验来判断可能在运行过程中出现异常的语句,并将这些语句放置在 try 代码块中。每个 try 代码块可以伴随一个或多个 catch 语句,用于处理 try 代码块中所生成的异常事件。没有发生异常事件时,catch 中的语句不会被执行。在 catch 块中是对异常对象进行处理的代码,与访问其他对象一样,可以访问一个异常对象的变量或调用它的方法。异常对象可以调用如下方法得到或输出有关异常的信息:

```
public String getMessage();
public void printStackTrace();
```

其中,第一个方法表示输出当前的错误信息,第二个方法表示输出当前的堆栈信息。
finally 语句块中的代码无论是否发生异常都会被执行。finally 语句是可选的。
try…catch…finally 语句的使用示例如下:

```java
1  package com.five.four;
2  public class TryCatchFinallyTest {
3      public static void main(String[] args) {
4          System.out.println("程序开始了");
5          try{
6              int result = 4/0;
7              System.out.println("4/0 = " + result);
8          }catch(Exception e){
9              e.printStackTrace();//输出异常信息
10         }finally{
11             System.out.println("程序结束了!");
12         }
13     }
14 }
```

上述代码的运行结果如下：

```
程序开始了
程序结束了!
java.lang.ArithmeticException: / by zero
    at four.TryCatchFinallyTest.main(TryCatchFinallyTest.java:6)
```

第 8 行代码中 catch 后面的参数可以是所有异常类的父类 Exception。第 9 行代码是输出异常信息的。从运行结果可以看出，虽然程序发生异常了，但是 finally 语句块中的语句也被执行了。

下面我们通过一个例题，来感受下 try…catch 的使用。

【例 5-5】 模拟求两个整数的商。

当用户从控制台输入两个整数的时候，可能会输入小数或者除数为 0，此时在运行过程中就会出现 "InputMismatchException" 和 "ArithmeticException" 异常。在出现异常时，程序能自动捕获异常，并做出不同的处理，使程序继续运行下去。代码如下：

```java
1  package com.five.four;
2  import java.util.InputMismatchException;
3  import java.util.Scanner;
4  public class TryCatchTest {
5      public static int result(int x,int y){
6          return x/y;
7      }
8      public static void main(String[] args) {
9          Scanner scanner = new Scanner(System.in);
10         boolean flag = true;
11         while(flag){
12             try{
```

```
13                System.out.println("请输入被除数:");
14                int x = scanner.nextInt();
15                System.out.println("请输入除数:");
16                int y = scanner.nextInt();
17                System.out.println(x + "/" + y + " = " + (x/y));
18                flag = false;
19            }catch(InputMismatchException e){
20                System.out.println("输入的不是整数,请重新输入:");
21                scanner.nextLine();//获取再次输入权限
22            }catch(ArithmeticException e){
23                System.out.println("除数为0,请重新输入");
24                scanner.nextLine();//获取再次输入权限
25            }
26        }
27        System.out.println("程序结束!");
28    }
29 }
```

上述代码的运行结果如下:

```
请输入被除数:
8
请输入除数:
0
除数为0,请重新输入
请输入被除数:
8.0
输入的不是整数,请重新输入:
请输入被除数:
8
请输入除数:
9
8/9 = 0
程序结束!
```

第19~21行代码捕获InputMismatchException异常并作出相应处理,第21行代码的作用是执行完第20行代码之后,让用户再次获取输入权限。

第22~25行代码捕获ArithmeticException异常并作出相应处理。

2. 抛出异常

除了上述讲到的用try…catch…finally捕获异常外,还可以使用throws关键字抛出异常,将异常抛给方法的调用者,调用者需要用try…catch…finally来捕获异常,或者调用者继续抛异常,如果没有方法来捕获异常,最后异常会被抛给虚拟机来捕获。

throws的使用示例如下:

```
1   package com.five.four;
2   public class ThrowsTest{
3       public static int[] arr = {1,2,3};
4       public static void print() throws Exception{
5           for(int i = 0;i < 10;i++){
6               System.out.println(arr[i]);
7           }
8       }
9       public static void main(String[] args)  {
10          try {
11              print();
12          } catch (Exception e) {
13              e.printStackTrace();
14              System.out.println("数组下标越界");
15          }
16      }
17  }
```

上述代码的运行结果如下:

```
1
2
3
java.lang.ArrayIndexOutOfBoundsException: 3
    at com.com.five.four.ThrowsTest.print(ThrowsTest.java:6)
    at com.com.five.four.ThrowsTest.main(ThrowsTest.java:11)
数组下标越界
```

第 4~8 行代码定义了静态方法 print,该方法抛出了异常 Exception,throws 可以抛出多个异常类,多个异常类中间用逗号隔开。

第 11 行代码在 main 方法中调用 print 方法,则 main 方法就是调用者,当调用本身抛出异常的方法时,调用者有两种处理手段,要么继续抛异常,要么捕获异常,而此处采用的是捕获异常,如第 10~15 行代码。

调用者抛出异常的使用示例如下:

```
1   package com.five.four;
2   public class ThrowsTest1 {
3       public static int[] arr = {1,2,3};
4       public static void print() throws Exception{
5           for(int i = 0;i < 10;i++){
6               System.out.println(arr[i]);
7           }
8       }
9       public static void main(String[] args) throws Exception {
10          print();
11      }
12  }
```

上述代码的运行结果如下：

```
1
2
3
Exception in thread "main"java.lang.ArrayIndexOutOfBoundsException: 3
    at com.com.five.four.ThrowsTest1.print(ThrowsTest1.java:6)
    at com.com.five.four.ThrowsTest1.main(ThrowsTest1.java:10)
```

第 9 行中的 throws Exception 是调用者 main 方法继续抛出异常的处理。

从运行结果可以看出，main 方法将异常抛给了 JVM 处理，而 JVM 处理异常的方法，就只能是捕获异常，输出异常信息。

除了 throws 方法抛出异常外，还可以显示地创建一个异常对象，并使用关键字 throw 把异常对象抛给上一层，即程序的调用者，此时与 throws 不同，调用者不用捕获或抛出异常。throw 的使用示例代码如下：

```
1  package com.five.four;
2  public class ThrowTest {
3      public static int[] arr = {1,2,3};
4      public static void print(){
5          for(int i = 0;i < 10;i++){
6              if(i > arr.length){
7                  throw new ArrayIndexOutOfBoundsException();
8              }else{
9                  System.out.println(arr[i]);
10             }
11         }
12     }
13     public static void main(String[] args) {
14         print();
15     }
16 }
```

上述代码的运行结果如下：

```
1
2
3
Exception in thread "main"java.lang.ArrayIndexOutOfBoundsException: 3
    atcom.com.five.four.ThrowTest.print(ThrowTest.java:9)
    atcom.com.five.four.ThrowTest.main(ThrowTest.java:14)
```

第 7 行代码通过 throw 关键字抛出一个异常对象。第 14 行代码，main 调用 print 方法时，既不需要捕获异常，也不需要抛出异常。

5.7 本章小结

本章主要介绍 Java 中常用的类,读者可以通过阅读 API 文档,查阅常用类的构造方法和常用方法,并且能够独立完成本章中所有的例题。

本章习题

一、选择题

1. 以下程序发生什么异常?(　　)

```
class A {
    A  x;
    int x;
    public static void main {
        System.out.println(x.x);
    }
}
```

A. IOException

B. InterruptException

C. NullPointerException

D. DataFormatException

2. 设有如下方法:

```
public void test() {
    try {
        oneMethod();
        System.out.println("condition 1");
    } catch (ArrayIndexOutOfBoundsException e) {
        System.out.println("condition 2");
    } catch(Exception e) {
        System.out.println("condition 3");
    } finally {
        System.out.println("finally");
    }
}
```

如果 oneMethod 正常运行,则输出结果中有哪些?(　　)

A. condition 1 finally

B. condition 2

C. condition 3

D. finally

3. 类 Test1、Test2 定义如下：

```
public class  Test1{
    float aMethod(float a,float b) throws IOException {
  }
}
public  class  Test2  extends  Test1{
    _____
}
```

将以下哪种方法填入横线上是不合法的。(   )

A. float aMethod(float a,float b){ }

B. public float aMethod(float a,float b)throws Exception{ }

C. public float aMethod(float p,float q){ }

D. public float aMethod(float a,float b)throws IOException{ }

4. 设有如下代码：

```
try {
   tryThis();
    return;
} catch (IOException x1) {
    System.out.println("exception 1");
    return;
} catch (Exception x2) {
    System.out.println("exception 2");
    return;
} finally {
    System.out.println("finally");
}
```

如果 tryThis() 抛出 NumberFormatException，则输出结果是？(   )

A. 无输出

B. "exception 1"，后跟 "finally"

C. "exception 2"，后跟 "finally"

D. "exception 1"

5. Java 中用来抛出异常的关键字是(   )

A. try   B. catch   C. throws   D. finally

二、简答题

1. 简述 String 类和 StringBuffer 类的区别。

2. 简述异常的概念。

3. 列举三种你知道的异常。

4. 简述异常的处理方式。

三、编程题

1. 编写程序将"jdk"全部变为大写,并输出到控制台,截取子串"DK"并输出到控制台。

2. 编写程序将 String 类型字符串"test"变为"tset"。

3. 写一个方法 void isTriangle(int a,int b,int c),判断三个参数是否能构成一个三角形,如果不能则抛出异常 IllegalArgumentException,显示异常信息"a,b,c 不能构成三角形",如果可以构成则显示三角形三个边长,在主方法中得到命令行输入的三个整数,调用此方法,并捕获异常。

第 6 章 Java 集合、泛型和枚举

本章学习要点

- 了解集合概念及结构；
- 掌握 Arraylist 集合的使用方法；
- 掌握 LinkedList 集合的使用方法；
- 掌握 Set 集合的使用方法；
- 掌握 HashSet 集合的使用方法；
- 掌握 TreeSet 集合的使用方法；
- 掌握 HashMap 集合的使用方法；
- 掌握 TreeMap 集合的使用方法；
- 掌握 Iterator 的使用方法；
- 了解泛型集合的概念及使用方法。

6.1 Java 集合类的概念

早在 Java2 之前，Java 就提供了特设类。如 Dictionary，Vector，Stack 和 Properties 这些类用来存储和操作对象组。

虽然这些类都非常有用，但是它们缺少一个核心的、统一的主题。由于这个原因，使用 Vector 类的方式和使用 Properties 类的方式有着很大的不同。

设计集合框架要满足以下几个目标：

（1）该框架必须是高性能的，基本集合（动态数组、链表、树、哈希表）的实现也必须是高效的。

（2）该框架允许不同类型的集合，以类似的方式工作，具有高度的互操作性。

（3）对一个集合的扩展和适应必须是简单的。

为此，整个集合框架就围绕一组标准接口而设计。我们可以直接使用这些接口的标准实现，如 LinkedList、HashSet 和 TreeSet 等，除此之外，我们也可以通过这些接口实现自己的集合。

集合框架是一个用来代表和操纵集合的统一架构。所有的集合框架都包含如下内容：

（1）接口：是代表集合的抽象数据类型。接口允许集合独立操纵其代表的细节。在面向对象的语言中，接口通常形成一个层次。

（2）实现（类）：是集合接口的具体实现。从本质上讲，它们是可重复使用的数据结构。

（3）算法：是实现集合接口的对象里的方法执行的一些有用的计算，如搜索和排序。这些算法被称为多态，那是因为相同的方法可以在相似的接口上有着不同的实现。

除了集合，该框架也定义了几个 Map 接口和类。Map 里存储的是键/值对。尽管 Map 不

是 collections,但是它们完全整合在集合中。

6.1.1 集合中的接口

集合框架是一个类库的集合,包含实现集合的接口。接口是集合的抽象数据类型,提供对集合中所表示的内容进行单独操作的可能。常见的集合接口有四种。

Collection:该接口是最基本的集合接口,存储不唯一的无序的数据。

List:该接口实现了 Collection 接口,存储有序的不唯一的数据。

Set:该接口实现了 Collection 接口,存储无序的唯一的数据。

Map:以键/值对的形式存储数据,以键取值,键不能重复,值可以重复。

集合框架中的接口结构如图 6-1 所示。

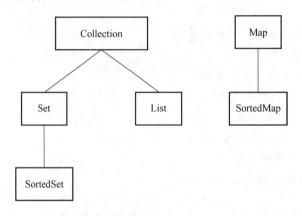

图 6-1 集合框架中的接口结构图

6.1.2 接口实现类

Java 平台提供了许多数据集接口的实现类。

List 接口的常用实现类有 ArrayList、LinkedList 和 Vector。Set 接口常用的实现类有 HashSet 和 TreeSet。Map 接口的常用实现类有 HashMap 和 TreeMap。

集合框架接口中实现类的结构如图 6-2 所示。

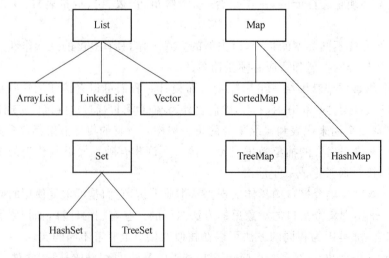

图 6-2 集合框架中的实现类结构图

6.2　Java Collection 接口

Collection 是最基本的集合接口,声明了适用于 Java 集合(只包括 Set 和 List)的通用方法。Map 接口并不是 Collection 接口的子接口,但是它仍然被看作是 Collection 框架的一部分。Collection 接口中常用的方法如表 6-1 所示。

表 6-1　Collection 接口的常用方法

方法名称	说　明
boolean add(E e)	向集合中添加一个元素,E 是元素的数据类型
boolean addAll(Collection c)	向集合中添加集合 c 中的所有元素
void clear()	删除集合中的所有元素
boolean contains(Object o)	判断集合中是否存在指定元素
boolean containsAll(Collection c)	判断集合中是否包含集合 c 中的所有元素
boolean isEmpty()	判断集合是否为空
Iterator<E> iterator()	返回一个 Iterator 对象,用于遍历集合中的元素
boolean remove(Object o)	从集合中删除一个指定元素
boolean removeAll(Collection c)	从集合中删除所有在集合 c 中出现的元素
boolean retainAll(Collection c)	仅仅保留集合中所有在集合 c 中出现的元素
int size()	返回集合中元素的个数
Object[] toArray()	返回包含此集合中所有元素的数组

6.3　Java List 集合

List 接口实现了 Collection 接口,它主要有两个实现类:ArrayList 类和 LinkedList 类。在 List 集合中允许出现重复元素。与 Set 集合不同的是,在 List 集合中的元素是有序的,可以根据索引位置来检索 List 集合中的元素,第一个添加到 List 集合中的元素的索引为 0,第二个为 1,依此类推。

6.3.1　ArrayList 类

ArrayList 是 Java 集合框架中的一个重要的类,它继承于 AbstractList,实现了 List 接口,是一个长度可变的集合,提供了增删改查的功能。集合中允许 null 的存在。ArrayList 类还实现了 RandomAccess 接口,可以对元素进行快速访问。实现了 Serializable 接口,说明 ArrayList 可以被序列化,还实现了 Cloneable 接口,可以被复制。和 Vector 不同的是,ArrayList 不是线程安全的。ArrayList 有三种构造方法,如表 6-2 所示。

表 6-2　ArrayList 构造方法表

构造方法	说　明
ArrayList()	默认提供初始容量为 10 的空列表
ArrayList(int initialCapacity)	构造一个具有指定初始容量的空列表
ArrayList(Collection<? extends E> c)	构造一个包含指定 collection 的元素

ArrayList 的常用方法如表 6-3 所示。

表 6-3 ArrayList 类的常用方法

方法名称	说　明
E get(int index)	获取此集合中指定索引位置的元素，E 为集合中元素的数据类型
int index(Object o)	返回此集合中第一次出现指定元素的索引，如果此集合不包含该元素，则返回 −1
int lastIndexOf(Object o)	返回此集合中最后一次出现指定元素的索引，如果此集合不包含该元素，则返回 −1
E set(int index, E element)	将此集合中指定索引位置的元素修改为 element 参数指定的对象。此方法返回此集合中指定索引位置的原元素
List<E> subList(int fromIndex, int toIndex)	返回一个新的集合，新集合中包含 fromIndex 和 toIndex 索引之间的所有元素。包含 fromIndex 处的元素，不包含 toIndex 索引处的元素

【例 6-1】 使用 ArrayList 类向集合中添加三个学生信息，包括学生学号、名称和分数，然后遍历集合输出这些学生信息。

（1）创建一个学生类 Student，在该类中定义 3 个属性和 toString()方法。代码的实现如下所示：

```
1   public class Student {
2       private String num;
3       private String name;
4       private float score;
5       public Student(String num,String name,float score)
6       {
7           this.name = name;
8           this.num = num;
9           this.score = score;
10      }
11      //这里是上面3个属性的 setter/getter 方法，这里省略
12      public String toString()
13      {
14          return"学号:" + num + ",名称:" + name + ",分数:" + score;
15      }
16  }
```

（2）创建一个测试类，调用 Student 类的构造函数实例化五个对象，并将 Student 对象保存至 ArrayList 集合中。最后遍历该集合，输出学生信息。测试类的代码实现如下所示：

```java
1  import java.util.ArrayList;
2  import java.util.List;
3  public class Example6_1 {
4      public static void main(String[] args) {
5          Student stu1 = new Student("001","张强",94);
6          Student stu2 = new Student("002","王丽",87);
7          Student stu3 = new Student("003","李勇",77);
8          Student stu4 = new Student("003","李勇",77);
9          Student stu5 = new Student("004","郑同",83);
10         List list = new ArrayList();        //创建集合
11         list.add(stu1);
12         list.add(stu2);
13         list.add(stu3);
14         list.add(stu4);
15         list.add(stu5);
16         System.out.println("*************** 学生信息 ***************");
17         for(int i = 0;i < list.size();i++ )
18         {
19             //循环遍历集合,输出集合元素
20             Student student = (Student)list.get(i);
21             System.out.println(student);
22         }
23         list.remove(3);       //删除4号元素
24         System.out.println();
25         System.out.println("*************** 学生信息 ***************");
26         for(int i = 0;i < list.size();i++ )
27         {
28             //循环遍历集合,输出集合元素
29             Student student = (Student)list.get(i);
30             System.out.println(student);
31         }
32     }
33 }
```

该程序的运行结果如下所示:

```
*************** 学生信息 ***************
学号:001,名称:张强,分数:94.0
学号:002,名称:王丽,分数:87.0
学号:003,名称:李勇,分数:77.0
学号:003,名称:李勇,分数:77.0
学号:004,名称:郑同,分数:83.0
```

```
****************删除重复项后的学生信息****************
学号:001,名称:张强,分数:94.0
学号:002,名称:王丽,分数:87.0
学号:003,名称:李勇,分数:77.0
学号:004,名称:郑同,分数:83.0
```

可见 ArrayList 允许存储重复元素,并且可以根据索引灵活的删除元素。

在使用 List 集合时需要注意区分 indexOf()方法和 lastIndexOf()方法。前者是获得指定对象的最小索引位置,而后者是获得指定对象的最大索引位置。前提条件是指定的对象在 List 集合中有重复的对象,否则这两个方法获取的索引值相同。

【例 6-2】 indexOf()方法和 lastIndexOf()方法的区别。

```java
1  import java.util.ArrayList;
2  import java.util.Iterator;
3  import java.util.List;
4
5  public class Example6_2 {
6      public static void main(String[]args)
7      {
8          List list = new ArrayList();
9          list.add("One");
10         list.add("|");
11         list.add("Two");
12         list.add("|");
13         list.add("Three");
14         list.add("|");
15         list.add("Four");
16         System.out.println("list集合中的元素数量:" + list.size());
17         System.out.println("list集合中的元素如下:");
18         Iterator it = list.iterator();
19         while(it.hasNext())
20         {
21             System.out.print(it.next() + "、");
22         }
23         System.out.println("\nlist集合中'|'第一次出现的位置是:" + list.indexOf("|"));
24         System.out.println("list集合中'|'最后一次出现的位置是:" + list.lastIndexOf("|"));
25     }
26 }
```

上述代码创建一个 List 集合 list,然后添加了 7 个元素,由于索引从 0 开始,所以最后一个元素的索引为 6。输出结果如下:

```
list 集合中的元素数量:7
list 集合中的元素如下:
One、|、Two、|、Three、|、Four、
list 集合中"|"第一次出现的位置是:1
list 集合中"|"最后一次出现的位置是:5
```

使用 subList()方法截取 List 集合中部分元素时要注意,新的集合中包含起始索引位置的元素,但是不包含结束索引位置的元素。例如,subList(1,4)方法实际截取的是索引 1 到索引 3 的元素,并组成新的 List 集合。

【例 6-3】 下面的案例代码演示了 subList()方法的具体用法。

```
1   import java.util.ArrayList;
2   import java.util.Iterator;
3   import java.util.List;
4
5   public class Example6_3 {
6       public static void main(String[]args)
7       {
8           List list = new ArrayList();
9           list.add("One");
10          list.add("Two");
11          list.add("Three");
12          list.add("Four");
13          list.add("Five");
14          list.add("Six");
15          list.add("Seven");
16          System.out.println("list 集合中的元素数量:" + list.size());
17          System.out.println("list 集合中的元素如下:");
18          Iterator it = list.iterator();
19          while(it.hasNext())
20          {
21              System.out.print(it.next() + "、");
22          }
23          List sublist = new ArrayList();
24          //从 list 集合中截取索引 2~5 的元素,保存到 sublist 集合中
25          sublist = list.subList(2,5);
26          System.out.println("\nsublist 集合中元素数量:
                            " + sublist.size());
27          System.out.println("sublist 集合中的元素如下:");
28          it = sublist.iterator();
29          while(it.hasNext())
30          {
31              System.out.print(it.next() + "、");
32          }
33      }
34  }
```

输出结果如下：

```
list 集合中的元素数量:7
list 集合中的元素如下：
One、Two、Three、Four、Five、Six、Seven、
sublist 集合中元素数量:3
sublist 集合中的元素如下：
Three、Four、Five、
```

6.3.2 LinkedList 类

ArrayList 基于动态数组的实现，它长于随机访问元素，但是在中间插入和移除元素时较慢。LinkedList 基于链表实现，在 List 中间进行插入和删除的代价较低，提供了优化的顺序访问。LinkedList 在随机访问方面相对比较慢，但是它的特性集较 ArrayList 更大。

LinkedList 类除了包含 Collection 接口和 List 接口中的所有方法之外，还特别提供了表 6-4 所示的方法。

表 6-4 LinkedList 类常用方法表

方法名称	说　明
void addFirst(E e)	将指定元素添加到此集合的开头
void addLast(E e)	将指定元素添加到此集合的末尾
E getFirst()	返回此集合的第一个元素
E getLast()	返回此集合的最后一个元素
E removeFirst()	删除此集合中的第一个元素
E removeLast()	删除此集合中的最后一个元素

【例 6-4】 在学生信息管理系统中要记录入学的学生信息，并且需要输出第一个录入的学生名称和最后一个学生名称。下面使用 LinkedList 集合来完成这些功能，实现代码如下：

```
01  import java.util.LinkedList;
02  public class Example6_4 {
03
04      public static void main(String[] args)
05      {
06          LinkedList <String> stus = new LinkedList<String>();    //创建集合对象
07          String stu1 = new String("张强");
08          String stu2 = new String("王丽");
09          String stu3 = new String("李勇");
10          String stu4 = new String("郑同");
11          stus.add(stu1);
12          stus.add(stu2);
13          stus.add(stu3);
```

```
14          stus.add(stu4);
15          String stu5 = new String("王猛");
16          stus.addLast(stu5);      //向集合的末尾添加 p5 对象
17          System.out.print("***************学生信息****************");
18          System.out.println("\n目前学生有:");
19          for(int i = 0;i < stus.size();i + + )
20          {
21          System.out.print(stus.get(i) + "\t");
22          }
23          System.out.println("\n第一个学生的名称为:" + stus.getFirst());
24          System.out.println("最后一个学生的名称为:" + stus.getLast());
25          stus.removeLast();        //删除最后一个元素
26          System.out.println("删除最后的元素,目前学生有:");
27          for(int i = 0;i < stus.size();i + + )
28          {
29          System.out.print(stus.get(i) + "\t");
30          }
31      }
32  }
```

运行程序,执行结果如下:

```
***************学生信息****************
目前学生有:
张强   王丽   李勇   郑同   王猛
第一个学生的名称为:张强
最后一个学生的名称为:王猛
删除最后的元素,目前学生有:
张强   王丽   李勇   郑同
```

6.4　Java Set 集合

Set 集合也实现了 Collection 接口,它主要有两个实现类:HashSet 类和 TreeSet 类。Set 集合中的对象不按特定的方式排序,只是简单地把对象加入集合,集合中不能包含重复的对象,并且最多只允许包含一个 null 元素。

6.4.1　HashSet 类

HashSet 查找某个对象时,首先用 hashCode()方法计算出这个对象的哈希码,然后根据哈希码到相应的存储区域用 equals()方法查找,从而提高了效率。由于是集合,所以同一个对象只能有一个。

在 HashSet 类中实现了 Collection 接口中的所有方法。HashSet 类的常用构造方法形式如下:

(1) HashSet():构造一个新的空的 Set 集合。

(2) HashSet(Collection<? extends E> c):构造一个包含指定 Collection 集合元素的新 Set 集合。其中,"<>"中的 extends 表示 HashSet 的父类,即指明该 Set 集合中存放的集合元素类型。c 表示其中的元素将被存放在此 Set 集合中。

下面的代码演示了创建两种不同形式的 HashSet 对象。

```
HashSet hs = new HashSet();                              //调用无参的构造函数创建 HashSet 对象
HashSet<String> hss = new HashSet<String>();  //创建泛型的 HashSet 集合对象
```

HashSet 的常用方法如表 6-5 所示。

表 6-5 HashSet 常用方法表

方法名称	说 明
boolean add(E e)	将指定的元素添加到此集合(如果尚未存在)
void clear()	从此集合中删除所有元素
boolean contains(Object o)	如果此集合包含指定元素,则返回 true
boolean isEmpty()	如果此集合不包含元素,则返回 true
Iterator<E> iterator()	返回此集合中元素的迭代器
boolean remove(Object o)	如果存在则从该集合中删除指定的元素
int size()	返回此集合中的元素数
Spliterator<E> spliterator()	在此集合中的元素上创建 late-binding 和故障快速 Spliterator

【例 6-5】 编写一个 Java 程序,使用 HashSet 创建一个 Set 集合,并向该集合中添加 5 个学生的名称。具体实现代码如下:

```
01  import java.util.HashSet;
02  import java.util.Iterator;
03  public class Example6_5 {
04    public static void main(String[] args)
05    {
06        HashSet<String> stuSet = new HashSet<String>();  //创建一个空的 Set 集合
07        String stu1 = new String("张强");
08        String stu2 = new String("王丽");
09        String stu3 = new String("李勇");
10        String stu4 = new String("李勇");
11        String stu5 = new String("郑同");
12        stuSet.add(stu1);    //将 stu1 存储到 Set 集合中
13        stuSet.add(stu2);    //将 stu2 存储到 Set 集合中
14        stuSet.add(stu3);    //将 stu3 存储到 Set 集合中
15        stuSet.add(stu4);    //将 stu4 存储到 Set 集合中
16        stuSet.add(stu5);
17        System.out.println("学生有:");
18        Iterator<String> it = stuSet.iterator();
19        while(it.hasNext())
```

```
20.        {
21.            System.out.println((String)it.next());    //输出 Set 集合中的元素
22.        }
23.        System.out.println("共有 " + stuSet.size() + " 名学生!");
24.    }
25. }
```

运行该程序,输出的结果如下:

```
学生有:
张强
李勇
郑同
王丽
共有 4 名学生!
```

从结果可以看出,输出的顺序并不等于存入的顺序,而且存入两个名为"李勇"的学生,只输出了一个"李勇",说明 Set 集合不允许存在重复项。

6.4.2 TreeSet 类

TreeSet 类同时实现了 Set 接口和 SortedSet 接口。SortedSet 接口是 Set 接口的子接口,可以实现对集合的自然排序,因此使用 TreeSet 类实现的 Set 接口默认情况下是自然排序的,这里的自然排序指的是升序排序。TreeSet 包括如表 6-6 所示四种构造方法。

表 6-6 TreeSet 构造方法表

方 法	说 明
TreeSet()	构造一个新的、空的树组,根据其元素的自然排序进行排序
TreeSet(Collection<? extends E> c)	构造一个包含指定集合中的元素的新树集,根据其元素的自然排序进行排序
TreeSet(Comparator<? super E> comparator)	构造一个新的、空的树集,根据指定的比较器进行排序
TreeSet(SortedSet<E> s)	构造一个包含相同元素的新树集,并使用与指定排序集相同的顺序

TreeSet 只能对实现了 Comparable 接口的类对象进行排序,因为 Comparable 接口中有一个 compareTo(Object o) 方法用于比较两个对象的大小。如 a.compareTo(b),如果 a 和 b 相等,则该方法返回 0;如果 a 大于 b,则该方法返回大于 0 的值;如果 a 小于 b,则该方法返回小于 0 的值。TreeSet 的常用方法如表 6-7 所示。

表 6-7 TreeSet 类常用方法表

方法名称	说 明
boolean add(E e)	将指定元素添加到此集合
boolean addAll(Collection<? extends E> c)	将指定集合中的所有元素添加到此集合
E ceiling(E e)	返回此集合中最小元素大于或等于给定元素,如果没有此元素,则返回 null

续表

方法名称	说　　明
void clear()	从此集合中删除所有元素
Comparator<? super E> comparator()	返回用于对该集合中的元素进行排序的比较器,或 null,如果此集合使用其元素的 natural ordering
boolean contains(Object o)	如果此集合包含指定的元素,则返回 true
Iterator<E> descendingIterator()	以降序返回该集合中的元素的迭代器

【例 6-6】 本次有 5 名学生参加考试,当老师录入每名学生的成绩后,程序将按照从低到高的排列顺序显示学生成绩。此外,老师可以查询本次考试是否有满分的学生存在,不及格的成绩有哪些,90 分以上成绩的学生有几名。

下面使用 TreeSet 类来创建 Set 集合,完成学生成绩查询功能。具体的代码如下:

```
1  import java.util.Iterator;
2  import java.util.Scanner;
3  import java.util.SortedSet;
4  import java.util.TreeSet;
5  public class Example6_6{
6      public static void main(String[] args)
7      {
8          TreeSet<Double> scores = new TreeSet<Double>();    //创建 TreeSet 集合
9          Scanner input = new Scanner(System.in);
10         System.out.println("-----------学生成绩管理系统------------");
11         for(int i = 0;i<5;i++)
12         {
13             System.out.println("第" + (i+1) + "个学生成绩:");
14             double score = input.nextDouble();
15             //将学生成绩转换为 Double 类型,添加到 TreeSet 集合中
16             scores.add(Double.valueOf(score));
17         }
18         Iterator<Double> it = scores.iterator();     //创建 Iterator 对象
19         System.out.println("学生成绩从低到高的排序为:");
20         while(it.hasNext())
21         {
22             System.out.print(it.next() + "\t");
23         }
24         System.out.println("\n 请输入要查询的成绩:");
25         double searchScore = input.nextDouble();
26         if(scores.contains(searchScore))
27         {
28             System.out.println("成绩为:" + searchScore + " 的学生存在!");
29         }
30         else
```

```java
31          {
32              System.out.println("成绩为:" + searchScore + "的学生不存在!");
33          }
34          //查询不及格的学生成绩
35          SortedSet<Double> score1 = scores.headSet(60.0);
36          System.out.println("\n不及格的成绩有:");
37          if(score1.toArray().length >= 1) {
38              for(int i = 0;i < score1.toArray().length;i++)
39              {
40                  System.out.print(score1.toArray()[i] + "\t");
41              }
42          }else {
43              System.out.println("没有不及格的学生");
44          }
45          //查询90分以上的学生成绩
46          SortedSet<Double> score2 = scores.tailSet(90.0);
47          System.out.println("\n90分以上的成绩有:");
48          for(int i = 0;i < score2.toArray().length;i++)
49          {
50              System.out.print(score2.toArray()[i] + "\t");
51          }
52      }
53  }
```

运行该程序,执行结果如下所示。

```
----------学生成绩管理系统----------
第1个学生成绩:
53
第2个学生成绩:
48
第3个学生成绩:
85
第4个学生成绩:
98
第5个学生成绩:
68
学生成绩从低到高的排序为:
48.0    53.0    68.0    85.0    98.0
请输入要查询的成绩:
90
成绩为:90.0的学生不存在!

不及格的成绩有:
48.0    53.0
90分以上的成绩有:
98.0
```

注意:在使用自然排序时只能向 TreeSet 集合中添加相同数据类型的对象,否则会抛出 ClassCastException 异常。如果向 TreeSet 集合中添加了一个 Double 类型的对象,则后面只能添加 Double 对象,不能再添加其他类型的对象,如 String 对象等。

6.5 Java Map 集合

Map 是一种键/值对(key/value)集合,Map 集合中的每一个元素都包含一个键对象和一个值对象。其中,键对象不允许重复,而值对象可以重复,并且值对象还可以是 Map 类型的,就像数组中的元素还可以是数组一样。

Map 接口主要有两个实现类:HashMap 类和 TreeMap 类。其中,HashMap 类按哈希算法来存取键对象,而 TreeMap 类可以对键对象进行排序。

6.5.1 HashMap 类

HashMap 是一个最常用的 Map,它根据键的 hashCode 值存储数据,根据键可以直接获取它的值,具有很快的访问速度。HashMap 包含如表 6-8 所示的四个构造方法。

表 6-8 HashMap 构造方发表

方法	说明
HashMap()	构造一个空的 HashMap,默认初始容量(16)和默认负载系数(0.75)
HashMap(int initialCapacity)	构造一个空的 HashMap 具有指定的初始容量和默认负载因子(0.75)
HashMap(int initialCapacity,float loadFactor)	构造一个空的 HashMap 具有指定的初始容量和负载因子
HashMap(Map<? extends K,? extends V> m)	构造一个新的 HashMap 与指定的相同的映射 Map

HashMap 的常用方法如表 6-9 所示。

表 6-9 HashMap 类常用方法表

方法名称	说明
void clear()	从这张地图中删除所有的映射
boolean containsKey(Object key)	如果此映射包含指定键的映射,则返回 true
boolean containsValue(Object value)	如果此地图将一个或多个键映射到指定值,则返回 true
Set<Map.Entry<K,V>> entrySet()	返回此地图中包含的映射的 Set 视图
V get(Object key)	返回到指定键所映射的值,或 null,如果此映射包含该键的映射
boolean isEmpty()	如果此地图不包含键值映射,则返回 true
Set<K> keySet()	返回此地图中包含的键的 Set 视图
V put(K key,V value)	将指定的值与此映射中的指定键相关联
V remove(Object key)	从该地图中删除指定键的映射(如果存在)
int size()	返回此地图中键值映射的数量

【例 6-7】 每名学生都有属于自己的唯一编号,即学号。毕业时,需要将该学生的信息从系统中移除。

下面编写 Java 程序,使用 HashMap 来存储学生信息,其键为学生学号,值为姓名。毕业时,需要用户输入学生的学号,并根据学号进行删除操作。具体的实现代码如下:

```java
import java.util.HashMap;
import java.util.Iterator;
import java.util.Scanner;
public class Example6_7
{
    public static void main(String[] args)
    {
        HashMap users = new HashMap();
        users.put("11","张浩太");        //将学生信息键值对存储到 Map 中
        users.put("22","刘思诚");
        users.put("33","王强文");
        users.put("44","李国量");
        users.put("55","王路路");
        System.out.println("******** 学生列表 ********");
        Iterator it = users.keySet().iterator();
        while(it.hasNext())
        {
            //遍历 Map
            Object key = it.next();
            Object val = users.get(key);
            System.out.println("学号:" + key + ",姓名:" + val);
        }
        Scanner input = new Scanner(System.in);
        System.out.println("请输入要删除的学号:");
        int num = input.nextInt();
        if(users.containsKey(String.valueOf(num)))
        {   //判断是否包含指定键
            users.remove(String.valueOf(num));      //如果包含就删除
        }
        else
        {
            System.out.println("该学生不存在!");
        }
        System.out.println("******** 学生列表 ********");
        it = users.keySet().iterator();
        while(it.hasNext())
        {
            Object key = it.next();
            Object val = users.get(key);
            System.out.println("学号:" + key + ",姓名:" + val);
        }
    }
}
```

在该程序中,两次使用 while 循环遍历 HashMap 集合。当有学生毕业时,用户需要输入该学生的学号,根据学号使用 HashMap 类的 remove()方法将对应的元素删除。程序运行结果如下所示:

```
******** 学生列表 ********
学号:44,姓名:李国量
学号:55,姓名:王路路
学号:22,姓名:刘思诚
学号:33,姓名:王强文
学号:11,姓名:张浩太
请输入要删除的学号:
22
******** 学生列表 ********
学号:44,姓名:李国量
学号:55,姓名:王路路
学号:33,姓名:王强文
学号:11,姓名:张浩太
```

6.5.2 TreeMap 类

TreeMap 基于红黑树(Red-Black tree)实现。该映射根据其键的自然顺序进行排序,或者根据创建映射时提供的 Comparator 进行排序,具体取决于使用的构造方法。TreeMap 包括如表 6-10 所示四种构造方法。

表 6-10 TreeMap 构造方法表

方法名称	说明
TreeMap()	使用其键的自然排序构造一个新的空树状图
TreeMap(Comparator<? super K> comparator)	构造一个新的、空的树图,按照给定的比较器排序
TreeMap(Map<? extends K,? extends V> m)	构造一个新的树状图,其中包含与给定地图相同的映射,根据其键的自然顺序进行排序
TreeMap(SortedMap<K,? extends V> m)	构造一个包含相同映射并使用与指定排序映射相同顺序的新树映射

TreeMap 类的使用方法与 HashMap 类相同,唯一不同的是 TreeMap 类可以对键对象进行排序,这里不再赘述。TreeMap 类常用方法如表 6-11 所示。

表 6-11 TreeMap 类常用方法表

方法名称	说明
void clear()	从这张地图中删除所有的映射
boolean containsKey(Object key)	如果此地图将一个或多个键映射到指定值,则返回 true
Set<Map.Entry<K,V>> entrySet()	返回此地图中包含的映射的 Set 视图
V get(Object key)	返回到指定键所映射的值,或 null,如果此映射包含该键的映射
Set<K> keySet()	返回此地图中包含的键的 Set 视图
V put(K key,V value)	将指定的值与此映射中的指定键相关联
V remove(Object key)	从此 TreeMap 中删除此键的映射(如果存在)
int size()	返回此地图中键值映射的数量

【例 6-8】 测试 TreeMap API 方法。代码如下所示：

```java
1   import java.util.TreeMap;
2   import java.util.*;
3
4   public class Example6_8 {
5
6       public static void main(String[] args) {
7           // 测试常用的 API
8           testTreeMapOridinaryAPIs();
9       }
10      /**
11       * 测试常用的 API
12       */
13      private static void testTreeMapOridinaryAPIs() {
14          // 初始化随机种子
15          Random r = new Random();
16          // 新建 TreeMap
17          TreeMap tmap = new TreeMap();
18          // 添加操作
19          tmap.put("one", r.nextInt(10));
20          tmap.put("two", r.nextInt(10));
21          tmap.put("three", r.nextInt(10));
22
23          System.out.printf("\n ---- testTreeMapOridinaryAPIs ----\n");
24
25          System.out.printf("%s\n",tmap);    //打印出 TreeMap
26          // 通过 Iterator 遍历 key-value
27          Iterator iter = tmap.entrySet().iterator();
28          while(iter.hasNext()) {
29              Map.Entry entry = (Map.Entry)iter.next();
30              System.out.printf("next : %s - %s\n", entry.getKey(),
31                                                    entry.getValue());
32          }
33          //TreeMap 的键值对个数
34          System.out.printf("size: %s\n", tmap.size());
35          //containsKey(Object key) :是否包含键 key
36          System.out.printf("contains key
37                            two : %s\n",tmap.containsKey("two"));
38          System.out.printf("contains key
39                            five : %s\n",tmap.containsKey("five"));
40          //containsValue(Object value) :是否包含值 value
41          System.out.printf("contains value
```

```
42                                  0:%s\n",tmap.containsValue(new Integer(0)));
43           //remove(Object key):删除键 key 对应的键值对
44           tmap.remove("three");
45           System.out.printf("tmap:%s\n",tmap);
46           tmap.clear();    //clear():清空 TreeMap
47           // isEmpty():TreeMap 是否为空
48           System.out.printf("%s\n",(tmap.isEmpty()?"tmap is
49                              empty":"tmap is not empty"));
50       }
51   }
```

运行结果如下。

```
----testTreeMapOridinaryAPIs----
{one=5, three=9, two=6}
next:one - 5
next:three - 9
next:two - 6
size:3
contains key two:true
contains key five:false
contains value 0:false
tmap:{one=5, two=6}
tmap is empty
```

6.6 泛型集合

6.6.1 泛型的概念

什么是泛型？

泛型(Generic Type 或者 Generics)是对 Java 语言的类型系统的一种扩展,以支持创建可以按类型进行参数化的类。可以把类型参数看作是使用参数化类型时指定的类型的一个占位符,就像方法的形式参数是运行时传递的值的占位符一样。

可以在集合框架(Collection Framework)中看到泛型的动机。例如,Map 类允许用户向一个 Map 添加任意类的对象,最常见的情况是在给定映射(map)中保存某个特定类型(如 String)的对象。

因为 Map.get()被定义为返回 Object,所以一般必须将 Map.get()的结果强制类型转换为期望的类型,如下面的代码所示:

```
Map m = new HashMap();
m.put("key", "blarg");
String s = (String)m.get("key");
```

要让程序通过编译,必须将 get() 的结果强制类型转换为 String,并且希望结果真的是一个 String。但是有可能用户已经在该映射中保存了不是 String 的内容,这样的话,上面的代码将会抛出 ClassCastException。

理想情况下,我们可能会得出这样一个观点,即 m 是一个 Map,它将 String 键映射到 String 值。这可以让我们消除代码中的强制类型转换,同时获得一个附加的类型检查层,该检查层可以防止有人将错误类型的键或值保存在集合中。这就是泛型所做的工作。

泛型的好处是什么?

Java 语言中引入泛型是一个较大的功能增强。不仅语言、类型系统和编译器有了较大的变化,以支持泛型,而且类库也进行了大翻修,所以许多重要的类,如集合框架,都已经成为泛型化的了。这带来了以下好处:

(1) 类型安全。泛型的主要目标是提高 Java 程序的类型安全。通过知道使用泛型定义的变量的类型限制,编译器可以在一个高得多的程度上验证类型假设。没有泛型,这些假设就只存在于程序员的头脑中(或者如果幸运的话,还存在于代码注释中)。

Java 程序中的一种流行技术是定义这样的集合,即它的元素或键是公共类型的,如"String 列表"或者"String 到 String 的映射"。通过在变量声明中捕获这一附加的类型信息,泛型允许编译器实施这些附加的类型约束。类型错误现在就可以在编译时被捕获了,而不是在运行时当作 ClassCastException 展示出来。将类型检查从运行时挪到编译时有助于您更容易找到错误,并可提高程序的可靠性。

(2) 消除强制类型转换。泛型的一个附带好处是,消除源代码中的许多强制类型转换。这使得代码更加可读,并且减少了出错机会。

尽管减少强制类型转换可以降低使用泛型类的代码的烦琐程度,但是声明泛型变量会带来相应的烦琐。比较下面两个代码例子。

该代码不使用泛型:

```
List li = new ArrayList();
li.put(new Integer(3));
Integer i = (Integer) li.get(0);
```

该代码使用泛型:

```
List<Integer> li = new ArrayList<Integer>();
li.put(new Integer(3));
Integer i = li.get(0);
```

泛型有三种使用方式,分别为:泛型类、泛型接口和泛型方法。

6.6.2 泛型类

泛型类型用于类的定义中,被称为泛型类。通过泛型可以完成对一组类的操作对外开放相同的接口。最典型的就是各种容器类,如 List、Set、Map。

泛型类的最基本写法如下:

```
public class class_name<data_type1,data_type2,…>{}
```

可以定义一个或多个泛型类型如下所示：

```
class GenericA<T>{}
或者 class GenericA<K,T>{}
```

【例 6-9】 定义一个泛型类，代码如下：

```
1  public class Generic<T>{
2      //key 这个成员变量的类型为T,T的类型由外部指定
3      private T key;
4      public Generic(T key) {//泛型构造方法形参 key 的类型也为T,T的类型由外部指定
5          this.key = key;
6      }
7      public T getKey(){ //泛型方法 getKey 的返回值类型为T,T的类型由外部指定
8          return key;
9      }
10 }
```

代码中的 T 可以写为任意标识，如 T、E、K、V 等形式的参数常用于表示泛型，在实例化泛型类时，必须指定 T 的具体类型。

定义泛型类，尖括号里的类型形参可以有多个。

创建测试类，测试代码如下所示：

```
1  public class Example6_9 {
2      public static void main(String[] args) {
3          // TODO Auto-generated method stub
4          //泛型的类型参数只能是类类型（包括自定义类），不能是简单类型
5          //传入的实参类型需与泛型的类型参数类型相同，即为 Integer.
6          Generic<Integer> genericInteger = new Generic<Integer>(123456);
7          //传入的实参类型需与泛型的类型参数类型相同，即为 String.
8          Generic<String> genericString = newGeneric<String>("key_vlaue");
9          System.out.println("泛型测试   key is " + genericInteger.getKey());
10         System.out.println("泛型测试   key is " + genericString.getKey());
11     }
12 }
```

输出如下所示：

```
泛型测试   key is 123456
泛型测试   key is key_vlaue
```

定义的泛型类，就一定要传入泛型类型实参么？并不是这样，在使用泛型的时候如果传入泛型实参，则会根据传入的泛型实参做相应的限制，此时泛型才会起到本应起到的限制作用。如果不传入泛型类型实参的话，在泛型类中使用泛型的方法或成员变量定义的类型可以为任何的类型。再看下面的例子：

```
Generic generic = new Generic("111111");
Generic generic1 = new Generic(4444);
Generic generic2 = new Generic(55.55);
Generic generic3 = new Generic(false);

System.out.println("泛型测试 key is " + generic.getKey());
System.out.println("泛型测试 key is " + generic1.getKey());
System.out.println("泛型测试 key is " + generic2.getKey());
System.out.println("泛型测试 key is " + generic3.getKey());
```

输出如下所示:

```
D/泛型测试: key is 111111
D/泛型测试: key is 4444
D/泛型测试: key is 55.55
D/泛型测试: key is false
```

注意:泛型的类型参数只能是类类型,不能是简单类型。
不能对确切的泛型类型使用 instanceof 操作。如下面的操作是非法的,编译时会出错。

```
if(ex_num instanceof Generic<Number>){ }
```

6.6.3 泛型接口

泛型接口与泛型类的定义及使用基本相同。泛型接口常被用在各种类的生产器中,可以看下面这个例子:

```
//定义一个泛型接口
public interface Generator<T> {
    public T next();
}
```

当实现泛型接口的类,未传入泛型实参时:

```
class FruitGenerator<T> implements Generator<T>{
    @Override
    public T next() {
        return null;
    }
}
```

未传入泛型实参时,与泛型类的定义相同,在声明类的时候,需要将泛型的声明也一起加到类中,即:

```
class FruitGenerator<T> implements Generator<T>
```

如果不声明泛型,如:

```
class FruitGenerator implements Generator<T>
```

编译器会报错:"Unknown class"

当实现泛型接口的类,传入泛型实参时:

```java
public class FruitGenerator implements Generator<String> {
    private String[] fruits = new String[]{"Apple", "Banana", "Pear"};
    @Override
    public String next() {
        Random rand = new Random();
        return fruits[rand.nextInt(3)];
    }
}
```

传入泛型实参时:

定义一个生产器实现这个接口,虽然我们只创建了一个泛型接口 Generator<T>。但是我们可以为 T 传入无数个实参,形成无数种类型的 Generator 接口。

在实现类实现泛型接口时,如已将泛型类型传入实参类型,则所有使用泛型的地方都要替换成传入的实参类型,即 Generator<T>,public T next();中的 T 都要替换成传入的 String 类型。

6.6.4 泛型方法

到目前为止,我们所使用的泛型都是应用于整个类上。泛型同样可以用在类中包含参数化的方法上,而方法所在的类可以是泛型类,也可以不是泛型类。也就是说,是否拥有泛型方法,与其所在的类是不是泛型类没有关系。

泛型方法使得该方法能够独立于类而产生变化。如果使用泛型方法可以取代类泛型化,那么就应该只使用泛型方法。另外,对一个 static 的方法而言,无法访问泛型类的类型参数。因此,如果 static 方法需要使用泛型能力,就必须使其成为泛型方法。

请看下面这个例子。

【例 6-10】

```java
public class Example6_10 {
    public <T> void f(T x) {
        System.out.println(x.getClass().getName());
    }
    public static void main(String[] args) {
        Example6_10 gm = new Example6_10();
        gm.f("");
        gm.f(1);
        gm.f(1.0);
        gm.f(1.0F);
```

```
        gm.f('c');
        gm.f(gm);
    }
}
```

运行结果如下：

```
java.lang.String
java.lang.Integer
java.lang.Double
java.lang.Float
java.lang.Character
test2.Example6_10
```

Example6_10 类并不是泛型化的，尽管这个类和其内部的方法可以被同时泛型化，但是在这个例子中，只有 f() 拥有类型参数。这是由该方法的返回类型前面的类型参数列表指明的。

注意，当使用泛型类时，必须在创建对象的时候指定类型参数的值，如果没有指定类型参数，那就和使用 Object 类型一样。而使用泛型方法的时候，通常不必指明参数类型，因为编译器会为我们找到具体的类型，这被称为类型参数推断。因此，我们可以像调用普通方法一样调用 f()，而且就好像 f() 被无限次地重载过，它甚至可以接受 Example6_10 作为类型参数。如果调用 f() 时传入基本类型，自动打包机制就会介入其中，将基本类型的值包装为对应的对象。事实上，泛型方法与自动打包避免了以前用户不得不自己编写出来的代码。

也可以使用泛型作为方法的返回类型，例如：

```
public <T> T f2(T x) {
    T t = x;
    return t;
}
```

在主方法里添加：

```
System.out.println(gm.f2(2).getClass().getName());
System.out.println(gm.f2("").getClass().getName());
System.out.println(gm.f2(1.0f).getClass().getName());
```

输出结果如下：

```
java.lang.Integer
java.lang.String
java.lang.Float
```

6.7 Java 图书信息查询

前面详细介绍了 Java 中各集合的使用，像 Set 集合和 List 集合等，另外，还结合泛型讲解了一些高级应用。在实际开发中，泛型集合是较常用的，一般定义集合都会使用泛型的形式来定义。本节将使用泛型集合来模拟实现某图书管理系统的查询功能。

在图书管理系统中为了方便管理图书，将图书划分为几个类别。每个类别下有很多图书，每本图书都有相对应的类别，这就具备了一对多的关系映射，即一个类别对应多本图书。

在这种情况下就可以使用 Map 映射来存储类别和图书信息，其键为 Category（类别）类型，值为 List<Book>类型（Book 类为图书类），然后使用嵌套循环遍历输出每个类别所对应的多个图书信息。

【例 6-11】 使用 Map 集合编写图书管理系统。

(1)创建表示图书类别的 Category 类，在该类中有两个属性：id 和 name，分别表示编号和类别名称，并实现了它们的 setXxx()和 getXxx()方法，具体内容如下所示：

```
1   public class Category
2   {
3       private int id;        //类别编号
4       private String name;   //类别名称
5       public Category(int id,String name)
6       {
7           this.id = id;
8           this.name = name;
9       }
10      public String toString()
11      {
12          return "所属分类:" + this.name;
13      }
14      //上面两个属性的setXxx()和getXxx()方法
15      public int getId()
16      {
17          return id;
18      }
19      public void setId(int id)
20      {
21          this.id = id;
22      }
23      public String getName()
24      {
25          return name;
26      }
27      public void setName(String name)
28      {
29          this.name = name;
30      }
31  }
```

(2) 创建表示图书明细信息的 BookInfo 类,在该类中包含 5 个属性:id、name、price、author 和 startTime,分别表示图书编号、名称、价格、作者和出版时间,同样实现了它们的 setXxx() 和 getXxx() 方法,具体内容如下:

```java
public class BookInfo
{
    private int id;                 //编号
    private String name;            //名称
    private int price;              //价格
    private String author;          //作者
    private String startTime;       //出版时间
    public BookInfo(int id,String name,int price,String author,String startTime)
    {
        this.id = id;
        this.name = name;
        this.price = price;
        this.author = author;
        this.startTime = startTime;
    }
    public String toString()
    {
        return this.id + "\t\t" + this.name + "\t\t" + this.price + "\t\t" + this.author + "\t\t"
            + this.startTime;
    }
    //上面 5 个属性的 setXxx() 和 getXxx() 方法
    public int getId()
    {
        return id;
    }
    public void setId(int id)
    {
        this.id = id;
    }
    public String getName()
    {
        return name;
    }
    public void setName(String name)
    {
        this.name = name;
    }
    public int getPrice()
    {
```

```
39          return price;
40      }
41      public void setPrice(int price)
42      {
43          this.id = price;
44      }
45      public String getAuthor()
46      {
47          return author;
48      }
49      public void setAuthor(String author)
50      {
51          this.author = author;
52      }
53      public String getStartTime()
54      {
55          return startTime;
56      }
57      public void setStartTime(String startTime)
58      {
59          this.startTime = startTime;
60      }
61  }
```

（3）创建 CategoryDao 类,在该类中定义一个泛型的 Map 映射,其键为 Category 类型的对象,值为 List<BookInfo>类型的对象,并定义 printCategoryInfo()方法,用于打印类别和图书明细信息。具体代码如下：

```
1   import java.util.HashMap;
2   import java.util.List;
3   import java.util.Map;
4
5   public class CategoryDao
6   {
7       //定义泛型 Map,存储图书信息
8       public static Map<Category, List<BookInfo>> categoryMap = new
9       HashMap<Category,List<BookInfo>>();
10      public static void printCategoryInfo()
11      {
12          for(Category cate:categoryMap.keySet())
13          {
14              System.out.println("所属类别:" + cate.getName());
15              List<BookInfo> books = categoryMap.get(cate);
```

```
16        System.out.println("图书编号\t\t 图书名称\t\t 图书价格
17                            \t\t 图书作者\t\t 出版时间");
18        for(int i = 0;i < books.size();i ++)
19        {
20            BookInfo b = books.get(i);      //获取图书
21            System.out.println(b.getId() + "\t\t" + b.getName() +
22                "\t\t" + b.getPrice() + "\t\t" + b.getAuthor() +
23                "\t\t" + b.getStartTime());
24        }
25        System.out.println();
26    }
27  }
28 }
```

（4）创建测试类 Example6-11,在该类中首先定义 3 个 Category 对象和 5 个 BookInfo 对象,并将 5 个 BookInfo 对象分成 3 组,存储到 3 个 List 集合中,然后将 3 个 Category 对象和 3 个 List 集合按照对应关系存储到 CategoryDao 类中的 CategoryMap 映射中,最后调用 CategoryDao 类中的 printCategoryInfo()方法打印类别及对应的图书信息。具体的代码如下：

```
1  import java.util.ArrayList;
2  import java.util.List;
3
4  public class Example6_11
5  {
6      public static void main(String[] args)
7      {
8          Category category1 = new Category(1,"数据库");      //创建类别信息
9          Category category2 = new Category(2,"程序设计");    //创建类别信息
10         Category category3 = new Category(3,"平面设计");    //创建类别信息
11         BookInfo book1 = new BookInfo(1,"细说 Java 编程",25,"张晓玲",
12                          12"2012-01-01");        //创建图书信息
13         BookInfo book2 = new BookInfo(2,"影视后期处理宝典",78,"刘水波",
14                          "2012-10-05");          //创建图书信息
15         BookInfo book3 = new BookInfo(3,"MySQL 从入门到精通",41,"王志亮",
16                          "2012-3-2");            //创建图书信息
17         BookInfo book4 = new BookInfo(4,"Java 从入门到精通",27,"陈奚静",
18                          "2012-11-01");          //创建图书信息
19         BookInfo book5 = new BookInfo(5,"SQL Server 一百例",68,"张晓玲",
20                          "2012-01-01");          //创建图书信息
21         //向类别1添加图书
22         List < BookInfo > pList1 = new ArrayList < BookInfo >();
23         pList1.add(book1);
```

```
24      pList1.add(book4);
25      //向类别 2 添加图书
26      List<BookInfo> pList2 = new ArrayList<BookInfo>();
27      pList2.add(book3);
28      pList2.add(book5);
29      //向类别 3 添加图书
30      List<BookInfo> pList3 = new ArrayList<BookInfo>();
31      pList3.add(book2);
32      CategoryDao.categoryMap.put(category1,pList1);
33      CategoryDao.categoryMap.put(category2,pList2);
34      CategoryDao.categoryMap.put(category3,pList3);
35      CategoryDao.printDeptmentInfo();
36    }
37 }
```

在该程序中,使用了泛型 List 和泛型 Map 分别存储图书类别和特定类别下的图书明细信息。从中可以看出使用泛型不仅减少了代码的编写量,而且提高了类型的安全性。

运行该程序,输出的结果如下所示:

```
所属类别:数据库
图书编号      图书名称         图书价格    图书作者     出版时间
   1        细说 Java 编程       25       张晓玲      2012-01-01
   4        Java 从入门到精通    27       陈奚静      2012-11-01
所属类别:平面设计
图书编号      图书名称         图书价格    图书作者     出版时间
   2        影视后期处理宝典     78       刘水波      2012-10-05

所属类别:程序设计
图书编号      图书名称         图书价格    图书作者     出版时间
   3        MySQL 从入门到精通   41       王志亮      2012-3-2
   5        SQL Server 一百例    68       张晓玲      2012-01-01
```

6.8 本章小结

本章主要介绍了各种集合之间的关系及各自的特点;介绍了 List 集合的两种实现类 ArrayList 和 LinkedList;介绍了 Set 集合的两种实现类 HashSet 和 TreeSet;介绍了 Map 集合的两种实现类 HashMap 和 TreeMap;介绍了泛型的概念,泛型类、泛型接口和泛型方法。

本章习题

一、选择题

1. ArrayList 类的底层数据结构是(   )。

A. 数组结构　　　　B. 链表结构　　　　C. 哈希表结构　　　　D. 红黑树结构

2. LinkedList类的特点是（　　）。
A. 查询快　　　　B. 增删块　　　　C. 元素不重复　　　　D. 元素自然排序

3. 以下能以"键值"对的方式存储对象的接口是（　　）。
A. Collection　　　　B. Map　　　　C. HashMap　　　　D. Set

4. 在Java中，（　　）类可以用于创建链表数据结构的对象。
A. LinkedList　　　　B. ArrayList　　　　C. Collection　　　　D. HashMap

5. 将集合转成数组的方法是（　　）。
A. asList()　　　　B. toCharArray()　　　　C. toArray()　　　　D. copy()

6. 有如下需求：存储元素，保证元素在集合里没有重复，并且能够按照自然顺序进行访问，下列选项哪个接口能够满足该功能？（　　）
A. java.util.Map　　　　　　　　B. java.util.Set
C. java.util.List　　　　　　　　D. java.util.SortedSet

7. 关于java.util.HashSet说法正确的是（　　）。
A. 集合中的元素有序　　　　　　B. 集合中的元素可以重复
C. 集合中的元素唯一　　　　　　D. 通过唯一的键访问集合中的元素

8. 关于泛型说法错误的是（　　）。
A. 泛型是JDK1.5出现的新特性
B. 泛型是一种安全机制
C. 使用泛型避免了强制类型转换
D. 使用泛型必须进行强制类型转换

9. List、Set、Map哪个继承自Collection接口，以下说法正确的是（　　）。
A. List　Map　　　B. Set Map　　　C. List Set　　　D. List　Map　Set

二、简答题
1. 简述数组和集合的区别。
2. 简述List、Set和Map的区别。

三、编程题
已知有十六支男子足球队参加2008北京奥运会。写一个程序，把这16支球队随机分为4个组，采用List集合和随机数。

2008北京奥运会男足参赛国家：

科特迪瓦、阿根廷、澳大利亚、塞尔维亚、荷兰、尼日利亚、日本、美国、中国、新西兰、巴西、比利时、韩国、喀麦隆、洪都拉斯、意大利。

第 7 章　输入/输出流

本章学习要点

- 掌握 File 类操作文件的方法；
- 了解输入/输出流的概念；
- 了解 java.io 包中类的层次结构；
- 熟悉 RandomAccessFile 类的应用；
- 熟练掌握字节数组输入/输出流的应用；
- 掌握文件字节输入/输出流的应用；
- 掌握对象输入/输出流的应用；
- 掌握缓冲区输入/输出流的应用；
- 掌握数据输入/输出流的应用；
- 了解字节打印流和字符打印流；
- 掌握文件字符输入/输出流的应用；
- 掌握字符缓冲区输入/输出流的应用。

7.1　File 类

File 类有一个欺骗性的名字——通常会认为它对应的是一个文件，但实情并非如此。它既代表一个特定文件的名字，也代表目录内一系列文件的名字。若代表一个文件集，便可用 list()方法查询这个集，返回的是一个字符串数组。之所以要返回一个数组，而非某个灵活的集合类，是因为元素的数量是固定的。而且若想得到一个不同的目录列表，只要创建一个不同的 File 对象即可。事实上，"FilePath"（文件路径）似乎是一个更好的名字。本节将向大家完整地示例如何使用这个类，其中包括相关的 FilenameFilter（文件名过滤器）接口。

在 Java 中，File 类是 java.io 包中唯一代表磁盘文件本身的对象。File 类定义了一些与平台无关的方法来操作文件，File 类主要用来获取或处理与磁盘文件相关的信息，如文件名、文件路径、访问权限和修改日期等，还可以浏览子目录层次结构。File 类表示处理文件和文件系统的相关信息。也就是说，File 类不具有从文件读取信息和向文件写入信息的功能，它仅描述文件本身的属性。

File 类提供了以下三种形式构造方法：

(1) File(File parent,String child)：

根据 parent 抽象路径名和 child 路径名创建一个新 File 实例。

(2) File(String pathname)：

通过将给定路径名字符串转换成抽象路径名来创建一个新 File 实例。如果给定字符串是空字符串,则结果是空的抽象路径名。

(3) File(String parent,String child):

根据 parent 路径名字符串和 child 路径名字符串创建一个新 File 实例。

使用任意一个构造方法都可以创建一个 File 对象,然后调用其提供的方法对文件进行操作。File 类的常用方法及说明,如表 7-1 所示。

表 7-1 File 类的常用方法

方法名称	说　明
boolean canRead()	测试应用程序是否能从指定的文件中进行读取
boolean canWrite()	测试应用程序是否能写当前文件
boolean delete()	删除当前对象指定的文件
boolean exists()	测试当前 File 是否存在
String getAbsolutePath()	返回由该对象表示的文件的绝对路径名
String getName()	返回表示当前对象的文件名
String getParent()	返回当前 File 对象路径名的父路径名,如果此名没有父路径则为 null
boolean isAbsolute()	测试当前 File 对象表示的文件是否为一个绝对路径名
boolean isDirectory()	测试当前 File 对象表示的文件是否为一个路径
boolean isFile()	测试当前 File 对象表示的文件是否为一个"普通"文件
long lastModified()	返回当前 File 对象表示的文件最后修改的时间
long length()	返回当前 File 对象表示的文件长度
String[] list()	返回当前 File 对象指定的路径文件列表
String[] list(Filename Filter f)	返回当前 File 对象指定的目录中满足指定过滤器的文件列表
boolean mkdir()	创建一个目录,它的路径名由当前 File 对象指定
boolean mkdirs()	创建一个目录,它的名由当前 File 对象指定
boolean renameTo(File)	将当前 File 对象指定的文件更名为给定参数 File 指定的路径名

注意:假设在 Windows 操作系统中有一文件 D:\javaspace\hello.java,在 Java 中使用的时候,其路径的写法应该为 D:/javaspace/hello.java 或者 D:\\javaspace\\hello.java。

7.1.1 获取文件属性

在 Java 中获取文件属性信息的第一步是首先创建一个 File 类对象并指向一个已存在的文件,然后调用表 7-1 中的方法进行操作。

【例 7-1】 假设有一个文件位于 C:\windows\notepad.exe。编写 Java 程序获取并显示该文件的长度、是否可写、最后修改日期以及文件路径等属性信息。代码如下所示:

```java
1  import java.io.File;
2  import java.util.Date;
3
4  public class Example7_1 {
5      public static void main(String[] args)
6      {
7          String path = "C:/windows/"; //指定文件所在的目录
8          //建立File变量,并设定由f变量引用
9          File f = new File(path,"notepad.exe");
10         System.out.println("C:\\windows\\notepad.exe 文件信息如下:");
11         System.out.println("=====================================");
12         System.out.println("文件长度:" + f.length() + "字节");
13         System.out.println("文件或者目录:" + (f.isFile()?"是文件":
14                  "不是文件"));
15         System.out.println("文件或者目录:" + (f.isDirectory()?"是目录":
16                  "不是目录"));
17         System.out.println("是否可读:" + (f.canRead()?"可读取":
18                  "不可读取"));
19         System.out.println("是否可写:" + (f.canWrite()?"可写入":
20                  "不可写入"));
21         System.out.println("是否隐藏:" + (f.isHidden()?"是隐藏文件":
22                  "不是隐藏文件"));
23         System.out.println("最后修改日期:" +
24                  new Date(f.lastModified()));
25         System.out.println("文件名称:" + f.getName());
26         System.out.println("文件路径:" + f.getPath());
27         System.out.println("绝对路径:" + f.getAbsolutePath());
28     }
29  }
```

在上述代码中File类构造方法的第一个参数指定文件所在位置,这里使用"C:/windows/"作为文件的实际路径;第二个参数指定文件名称。创建的File类对象为f,然后通过f调用方法获取相应的属性,最终运行效果如下所示:

```
C:\windows\notepad.exe 文件信息如下:
=============================================
文件长度:193536 字节
文件或者目录:是文件
文件或者目录:不是目录
是否可读:可读取
是否可写:可写入
是否隐藏:不是隐藏文件
最后修改日期:Sat Jul 16 19:43:51 CST 2016
文件名称:notepad.exe
文件路径:C:\windows\notepad.exe
绝对路径:C:\windows\notepad.exe
```

7.1.2 创建和删除文件

File 类不仅可以获取已知文件的属性信息,还可以在指定路径创建文件和删除一个文件。创建文件需要调用 createNewFile()方法,删除文件需要调用 delete()方法。无论是创建还是删除文件通常都先调用 exists()方法判断文件是否存在。

【例 7-2】 假设在 C:/config 目录下有一个 dbConfig.xml 文件是程序的配置文件,程序启动时会检测该文件是否存在,如果不存在则创建;如果存在则删除后再创建。实现代码如下所示:

```
1  import java.io.File;
2  import java.io.IOException;
3
4  public class Example7_2 {
5      public static void main(String[]args) throws IOException
6      {
7          String path = "C:/config/";              //指定文件目录
8          String filename = "dbConfig.xml";        //指定文件名称
9          File f = new File(path,filename);        //创建指向文件的 File 对象
10         if(f.exists())                           //判断文件是否存在
11         {
12             f.delete();                          //存在则先删除
13         }
14         f.createNewFile();                       //再创建
15     }
16 }
```

7.1.3 创建和删除目录

File 类除了对文件的创建和删除外,还可以创建和删除目录。创建目录需要调用 mkdir()方法,删除目录需要调用 delete()方法。无论是创建还是删除目录都可以调用 exists()方法判断目录是否存在。

【例 7-3】 编写一个程序判断 C 盘根目录下是否存在 config 目录,如果存在则先删除再创建。实现代码如下所示:

```
1  import java.io.File;
2
3  public class Example7_3{
4      public static void main(String[]args)
5      {
6          String path = "C:/config/";     //指定目录位置
7          File f = new File(path);        //创建 File 对象
8          if(f.exists())
9          {
```

```
10              f.delete();
11          }
12          f.mkdir();      //创建目录
13      }
14  }
```

7.1.4 遍历目录

通过遍历目录可以在指定的目录中查找文件,或者显示所有的文件列表。File 类的 list() 方法提供了遍历目录功能,该方法有以下两种重载形式:

1. String[] list()

该方法表示返回由 File 对象表示目录中所有文件和子目录名称组成的字符串数组,如果调用的 File 对象不是目录,则返回 null。

提示:list() 方法返回的数组中仅包含文件名称,而不包含路径。但不保证所得数组中的相同字符串将以特定顺序出现,特别是不保证它们按字母顺序出现。

2. String[] list(FilenameFilter filter)

该方法的作用与 list() 方法相同,不同的是返回数组中仅包含符合 filter 过滤器的文件和目录,如果 filter 为 null,则接受所有名称。

【例 7-4】 假设要遍历 C 盘根目录下的所有文件和目录,并显示文件或目录名称、类型及大小。使用 list() 方法的实现代码如下所示:

```
1   import java.io.File;
2
3   public class Example7_4{
4       public static void main(String[]args)
5       {
6           File f = new File("C:/");        //建立 File 变量,并设定由 f 变量变数引用
7           System.out.println("文件名称\t\t 文件类型\t\t 文件大小");
8           System.out.println("=======================================");
9           String fileList[] = f.list();      //调用不带参数的 list()方法
10          for(int i = 0;i<fileList.length;i++)
11          {
12              //遍历返回的字符数组
13              System.out.print(fileList[i] + "\t\t");
14              File file1 = new File("C:/",fileList[i]);
15              System.out.print(file1.isFile()?"文件" +
16                                  "\t\t":"文件夹" + "\t\t");
17              File file2 = new File("C:/",fileList[i]);
18              System.out.println(file2.length() + "字节");
19          }
20      }
21  }
```

由于 list() 方法返回的字符数组中仅包含文件名称,因此为了获取文件类型和大小,必须先转换为 File 对象再调用其方法。如下所示的是实例的运行效果:

```
文件名称                  文件类型        文件大小
===================================================
 $ 360Section            文件夹          12288 字节
 $ Recycle.Bin           文件夹          0 字节
 360SANDBOX              文件夹          4096 字节
 adcfg.json              文件            61 字节
 AMD                     文件夹          0 字节
 AppData                 文件夹          0 字节
 Boot                    文件夹          4096 字节
 bootmgr                 文件            383786 字节
 Config.Msi              文件夹          786432 字节
 dlcache                 文件夹          0 字节
 Documents and Settings  文件夹          0 字节
 Drivers                 文件夹          4096 字节
 DTLService.exe          文件            143208 字节
 DTLSvcCore.dll          文件            85504 字节
 EFI                     文件夹          0 字节
 Fireworks8-chs.exe      文件            92826464 字节
 Fireworks8-chs.zip      文件            92646389 字节
 grldr                   文件            171136 字节
 InstallConfig.ini       文件            48 字节
 Intel                   文件夹          0 字节
 KRECYCLE                文件夹          0 字节
 offline_FtnInfo.txt     文件            296 字节
 pagefile.sys            文件            8436592640 字节
 PerfLogs                文件夹          0 字节
 Program Files           文件夹          8192 字节
 Program Files (x86)     文件夹          12288 字节
 ProgramData             文件夹          8192 字节
 Readme-说明.htm         文件            3062 字节
 RECYCLER                文件夹          0 字节
 System Volume Information 文件夹        4096 字节
 syt                     文件夹          0 字节
 temp                    文件夹          4096 字节
 Users                   文件夹          4096 字节
 Windows                 文件夹          28672 字节
```

7.2 Java RandomAccessFile 类

所谓动态读取,是指从文件的任意位置开始访问文件,而不是必须从文件开始位置读取到文件末尾。动态读取需要用到 Java 中的 RandomAccessFile 类,该类中有一个文件指针用于标识当前流的读写位置,这个指针可以向前或者向后移动。

RandomAccessFile 类的构造方法有如下两种重载形式:

(1) RandomAccessFile(File file,String mode):访问参数 file 指定的文件,访问形式由参数 mode 指定,mode 参数有两个常用的可选值 r 和 rw,其中 r 表示只读,rw 表示读写。

(2) RandomAccessFile(String name,String mode):访问参数 name 指定的文件,mode 参数的含义同上。

RandomAccessFile 类中还提供了一系列读取和写入数据的方法,表 7-2 列举了其中一些常用方法。

表 7-2　RandomAccessFile 类的常用方法

方法名称	说　明
boolean readBoolean()	从文件中读取一个 boolean 值
byte readByte()	从文件中读取一个带符号位的字节
char readChar()	从文件中读取一个字符
int readInt()	从文件中读取一个带符号位的整数
long readLong()	从文件中读取一个带符号位的 long 值
String readLine()	从文件中读取下一行文本
void seek(long pos)	指定从文件起始位置开始的指针偏移量
void writeBoolean(boolean v)	以字节的形式向文件中写入一个 boolean 值
void writeByte(int v)	以单字节的形式向文件中写入一个 byte 值
void writeChar(int v)	以双字节的形式向文件中写入一个 char 值
void writeInt(int v)	以 4 字节的形式向文件中写入一个整数
writeLong(long v)	以 8 字节的形式向文件中写入一个 long 值
void writeBytes(String s)	以字节序列的形式向文件中写入一个字符串
void skipBytes(int n)	以当前文件指针位置为起始点,跳过 n 字节

【例 7-5】　编写一个程序,使用 File 类创建一个 words.txt 文件,然后写入一个长中文字符串,再从第 4 个字节开始读取并输出。代码如下所示:

```
1  import java.io.File;
2  import java.io.IOException;
3  import java.io.RandomAccessFile;
4
5  public class Example7_5
6  {
7      public static void main(String[] args)
8      {
9          try
10         {
11             File file = new File("D:\\words.txt");    //指定文件路径
```

```
12              if(! file.exists())
13              {    //判断文件是否存在
14                  file.createNewFile();
15              }
16              RandomAccessFile raf = new RandomAccessFile(file,"rw");
17              //要写入的字符串
18              String str1 = "晴天,阴天,多云,小雨,大风,中雨,小雪,雷阵雨";
19               //编码转换
20              String str2 = new String(str1.getBytes("GBK"),"ISO-8859-1");
21              raf.writeBytes(str2);       //写入文件
22              System.out.println("文件指针位置:" + raf.getFilePointer());
23              raf.seek(6);      //移动文件指针
24              System.out.println("从文件头跳过6个字节,现文件内容如下:");
25              byte[] buffer = new byte[2];
26              int len = 0;
27              while((len = raf.read(buffer, 0, 2)) != -1)
28              {
29                  //输出文件内容
30                  System.out.print(new String(buffer,0,len));
31              }
32          }
33          catch(IOException e)
34          {
35              System.out.print(e);
36          }
37      }
38  }
```

（1）第11行代码创建一个 File 类对象。在 main()方法中创建位于 D:\words.txt 的 File 对象。

（2）第16行代码创建 RandomAccessFile 对象,以读写方式操作 File 对象。定义一个要写入的字符串,再将其进行格式的转换。这样是为了使其写入文件的内容不出现乱码,再将转换后的内容写入文件。

（3）打印出当前指针的位置,然后将其移动到第4个字节。然后定义一个长度为2的 byte 数组,接下来开始进行内容的循环读取,将读出的内容以字符串的形式输出到控制台。

（4）运行程序,程序运行结果如下所示,显示了写入字符串后指针的位置,以及从文件开关跳过6个字节后读取到的字符串。写入文件中的字符串内容如图7-1所示。

```
当前文件指针的位置:48
从文件头跳过6个字节,现在文件内容如下:
阴天,多云,小雨,大风,中雨,小雪,雷阵雨
```

对比输出结果和图7-1发现,中文字符串已成功写入记事本中,但是读出的字符串内容少

了两个字和一个逗号,这是由于使用 RandomAccessFile 的 seek()方法跳过了前 6 字节(1 个汉字占两字节)。在本程序中将中文字符串进行了编码转换,然后写入文件。读取时调用的是带有 3 个参数的 read()方法将记事本中的内容读取出来。

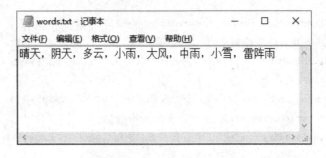

图 7-1　words.txt 文件内容

注意:要写进文本的内容是中文,如果不进行字符的转换,写进去的会是乱码,读取出来的内容也会是乱码。

7.3　什么是输入/输出流

Java 程序通过流来完成输入/输出,所有的输入/输出以流的形式处理。因此,要了解 I/O 系统,首先要理解输入/输出流的概念。

输入就是将数据从各种输入设备(如文件、键盘等)中读取到内存中,输出则正好相反,是将数据写入各种输出设备(如文件、显示器、磁盘等)。例如,键盘就是一个标准的输入设备,而显示器就是一个标准的输出设备,但是文件既可以作为输入设备,又可以作为输出设备。

数据流是 Java 进行 I/O 操作的对象,它按照不同的标准可以分为不同的类别。

(1) 按照流的方向主要分为输入流和输出流两大类。

(2) 数据流按照数据单位的不同分为字节流和字符流。

(3) 按照功能可以划分为节点流和处理流。

数据流的处理只能按照数据序列的顺序来进行,即前一个数据处理完之后才能处理后一个数据。数据流以输入流的形式被程序获取,再以输出流的形式将数据输出到其他设备。输入流模式如图 7-2 所示,输出流模式如图 7-3 所示。

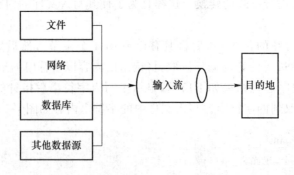

图 7-2　输入流模式

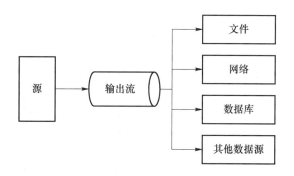

图 7-3 输出流模式

7.3.1 输入流

Java 流功能相关的类都封装在 java.io 包中,而且每个数据流都是一个对象。所有输入流类都是 InputStream 抽象类(字节输入流)和 Reader 抽象类(字符输入流)的子类。其中,InputStream 类是字节输入流的抽象类,是所有字节输入流的父类,其层次结构如图 7-4 所示。

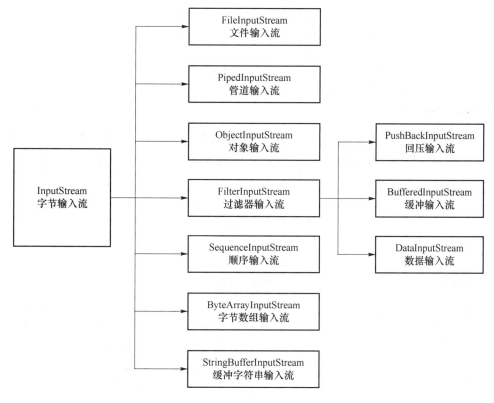

图 7-4 InputStream 类的层次结构图

InputStream 类中所有方法遇到错误时都会引发 IOException 异常。

Java 中的字符是 Unicode 编码,即双字节的,而 InputStream 是用来处理单字节的,在处理字符文本时不是很方便。这时可以使用 Java 的文本输入流 Reader 类,该类是字符输入流的抽象类,即所有字符输入流的实现类都是它的子类。

Reader 类的具体层次结构如图 7-5 所示,该类的方法与 InputStream 类的方法类似,这里不再介绍。

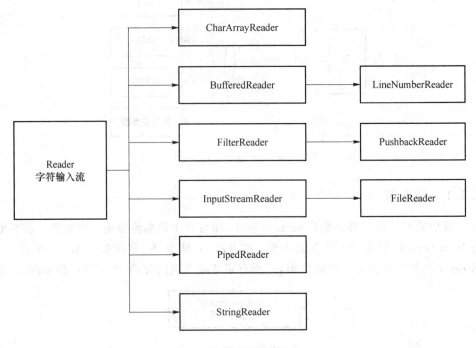

图 7-5 Reader 类的层次结构

7.3.2 输出流

在 Java 中所有输出流类都是 OutputStream 抽象类（字节输出流）和 Writer 抽象类（字符输出流）的子类。其中，OutputStream 类是字节输出流的抽象类，是所有字节输出流的父类，其层次结构如图 7-6 所示。

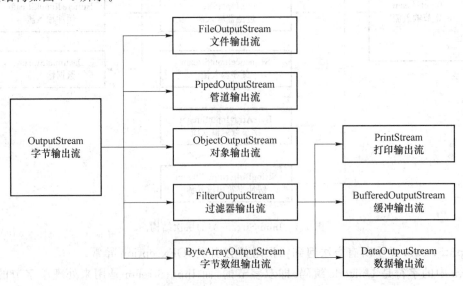

图 7-6 OutputStream 类的层次结构图

OutputStream 类是所有字节输出流的超类，用于以二进制的形式将数据写入目标设备，该类是抽象类,不能被实例化。

字符输出流的父类是 Writer,其层次结构如图 7-7 所示。

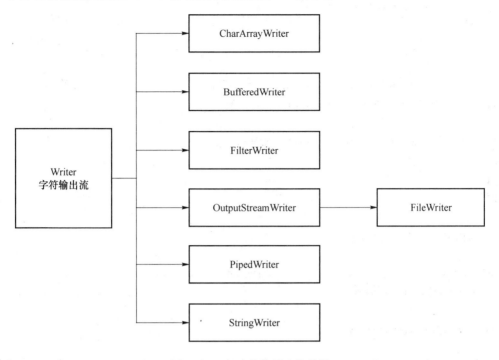

图 7-7 Writer 类的层次结构图

7.3.3 Java 系统流

每个 Java 程序运行时都带有一个系统流,系统流对应的类为 java.lang.System。System 类封装了 Java 程序运行时的 3 个系统流,分别通过 in、out 和 err 变量来引用。这些变量的作用域为 public 和 static,因此在程序的任何部分都不需要引用 System 对象就可以使用它们。

System.in:标准输入流,默认设备是键盘。

System.out:标准输出流,默认设备是控制台。

System.err:标准错误流,默认设备是控制台。

【例 7-6】 下面的程序演示了如何使用 System.in 读取字节数组,使用 System.out 输出字节数组。代码如下所示:

```
1   import java.io.IOException;
2
3   public class Example7_6{
4       public static void main(String[] args)
5       {
6           byte[] byteData = new byte[100];    //声明一个字节数组
7           System.out.println("请输入英文:");
8           try
9           {
```

```
10              System.in.read(byteData);
11          }
12          catch(IOException e)
13          {
14              e.printStackTrace();
15          }
16          System.out.println("您输入的内容如下:");
17          for(int i = 0;i < byteData.length;i ++ )
18          {
19              System.out.print((char)byteData[i]);
20          }
21      }
22  }
```

该程序的运行结果如下所示：

请输入英文：
abcdefg hijklmn opqrst uvwxyz
您输入的内容如下：
abcdefg hijklmn opqrst uvwxyz

System.in 是 InputStream 类的一个对象，因此上述代码的 System.in.read()方法实际是访问 InputStream 类定义的 read()方法。该方法可以从键盘读取一个或多个字符。对于 System.out 输出流主要用于将指定内容输出到控制台。

System.out 和 System.error 是 PrintStream 类的对象。因为 PrintStream 是一个从 OutputStream 派生的输出流，所以它还执行低级别的 write()方法。因此，除了 print()和 println()方法可以完成控制台输出以外，System.out 还可以调用 write()方法实现控制台输出。

write()的简单形式如下：

void write(int byteval) throws IOException

该方法通过 byteval 向文件写入指定的字节。在实际操作中，print()方法和 println()方法比 write()方法更常用。

注意：尽管它们通常用于对控制台进行读取和写入字符，但是这些都是字节流。因为预定义流是没有引入字符流的 Java 原始规范的一部分，所以它们不是字符流而是字节流，但是在 Java 中可以将它们打包到基于字符的流中使用。

7.4 Java 字节流的使用

在上一节中就提到 Java 所有表示字节输入流类的父类是 InputStream，它是一个抽象类，因此继承它的子类要重新定义父类中的抽象方法。所有表示字节输出流类的父类是 OutputStream，它也是一个抽象类，同样子类需要重新定义父类的抽象方法。

7.4.1 字节输入流

InputStream 类及其子类的对象表示一个字节输入流。InputStream 类的常用子类如下。

- ByteArrayInputStream 类:将字节数组转换为字节输入流,从中读取字节。
- FileInputStream 类:从文件中读取数据。
- DataInputStream 类:允许应用程序以独立于机器的方式从底层输入流读取原始 Java 数据类型。

InputStream 类封装了所有字节流类所共用的方法,这些方法如表 7-3 所示。

表 7-3 InputStream 类的常用方法

方法名及返回值类型	说明
int read()	从输入流中读取一个 8 位的字节,并把它转换为 0~255 的整数,最后返回整数。如果返回 −1,则表示已经到了输入流的末尾。为了提高 I/O 操作的效率,建议尽量使用 read()方法的另外两种形式
int read(byte[] b)	从输入流中读取若干字节,并把它们保存到参数 b 指定的字节数组中。该方法返回读取的字节数。如果返回 −1,则表示已经到了输入流的末尾
int read(byte[] b, int off, int len)	从输入流中读取若干字节,并把它们保存到参数 b 指定的字节数组中。其中,off 指定在字节数组中开始保存数据的起始下标;len 指定读取的字节数。该方法返回实际读取的字节数。如果返回 −1,则表示已经到了输入流的末尾
void close()	关闭输入流。在读操作完成后,应该关闭输入流,系统将会释放与这个输入流相关的资源。注意,InputStream 类本身的 close()方法不执行任何操作,但是它的许多子类重写了 close()方法
int available()	返回可以从输入流中读取的字节数
long skip(long n)	从输入流中跳过参数 n 指定数目的字节。该方法返回跳过的字节数
void mark(int readLimit)	在输入流的当前位置开始设置标记,参数 readLimit 则指定了最多被设置标记的字节数
boolean markSupported()	判断当前输入流是否允许设置标记,"是"则返回 true,"否"则返回 false
void reset()	将输入流的指针返回到设置标记的起始处

注意:在使用 mark()方法和 reset()方法之前,需要判断该文件系统是否支持这两个方法,以避免对程序造成影响。

7.4.2 字节输出流

OutputStream 类及其子类的对象表示一个字节输出流。OutputStream 类的常用子类如下。

- ByteArrayOutputStream 类:向内存缓冲区的字节数组中写数据。
- FileOutputStream 类:向文件中写数据。
- PipedOutputStream 类:连接到一个 PipedInputStream(管道输入流)。
- ObjectOutputStream 类:将对象序列化。

InputStream 类封装了所有字节流类所共用的方法。这些方法如表 7-4 所示。

表 7-4 OutputStream 类的常用方法

方法名及返回值类型	说 明
void write(int b)	向输出流写入一个字节。这里的参数是 int 类型,但是它允许使用表达式,而不用强制转换成 byte 类型。为了提高 I/O 操作的效率,建议尽量使用 write()方法的另外两种形式
void write(byte[] b)	把参数 b 指定的字节数组中的所有字节写到输出流中
void write(byte[]b,int off,int len)	把参数 b 指定的字节数组中的若干字节写到输出流中。其中,off 指定字节数组中的起始下标,len 表示元素个数
void close()	关闭流相关的资源。注意,OutputStream 类本身的 close()方法不执行任何操作,但是它的许多子类重写了 close()方法
void flush()	为了提高效率,在向输出流中写入数据时,数据一般会先保存到内存缓冲区中,只有当缓冲区中的数据达到一定程度时,缓冲区中的数据才会被写入输出流中。使用 flush()方法则可以强制将缓冲区中的数据写入输出流,并清空缓冲区

7.4.3 字节数组输入流

ByteArrayInputStream 类可以从内存的字节数组中读取数据,该类有如表 7-5 所示两种构造方法重载形式。

表 7-5 ByteArrayInputStream 类构造方法表

方 法	说 明
ByteArrayInputStream(byte[] buf)	创建一个字节数组输入流,字节数组类型的数据源由参数 buf 指定
ByteArrayInputStream(byte[] buf, int offse,int length)	创建一个字节数组输入流,其中,参数 buf 指定字节数组类型的数据源,offset 指定在数组中开始读取数据的起始下标位置,length 指定读取的元素个数

【例 7-7】 使用 ByteArrayInputStream 类编写一个案例,实现从一个字节数组中读取数据,再转换为 int 型进行输出。代码如下所示:

```
1   import java.io.ByteArrayInputStream;
2
3   public class Example7_7
4   {
5       public static void main(String[] args)
6       {
7           byte[] b = new byte[]{1,-1,25,-22,-5,23};    //创建数组
8           //创建字节数组输入流
9           ByteArrayInputStream bais = new ByteArrayInputStream(b,0,6);
10          int i = bais.read(); //从输入流中读取下一个字节,并转换成 int 型数据
11          while(i!= -1)
12          {   //如果不返回-1,则表示没有到输入流的末尾
13              System.out.println("原值 = " + (byte)i +
```

```
14                                              "\t\t\t 转换为 int 类型"+(int)i);
15              i = bais.read();    //读取下一个
16          }
17      }
18  }
```

在该示例中,字节输入流 bais 从字节数组 b 的第一个元素开始读取 4 字节元素,并将这 4 字节转换为 int 类型数据,最后返回。

提示:上述示例中除了打印 i 的值外,还打印出了(byte)i 的值,由于 i 的值是从 byte 类型的数据转换过来的,所以使用(byte)i 可以获取原来的 byte 数据。

该程序的运行结果如下:

```
原值 = 1           转换为 int 类型 = 1
原值 = -1          转换为 int 类型 = 255
原值 = 25          转换为 int 类型 = 25
原值 = -22         转换为 int 类型 = 234
原值 = -5          转换为 int 类型 = 251
原值 = 23          转换为 int 类型 = 23
```

从上述的运行结果可以看出,字节类型的数据-1 和-22 转换成 int 类型的数据后变成了 255 和 234,对这种结果的解释如下:

字节类型的 1,二进制形式为 00000001,转换为 int 类型后的二进制形式为 00000000 00000000 0000000000000001,对应的十进制数为 1。

字节类型的-1,二进制形式为 11111111,转换为 int 类型后的二进制形式为 00000000 00000000 0000000011111111,对应的十进制数为 255。

可见,从字节类型的数转换成 int 类型的数时,如果是正数,则数值不变;如果是负数,则由于转换后,二进制形式前面直接补了 24 个 0,这样就改变了原来表示负数的二进制补码形式,所以数值发生了变化,即变成了正数。

提示:负数的二进制形式以补码形式存在,如-1,其二进制形式是这样得来的:首先获取 1 的原码 00000001,然后进行反码操作,1 变成 0,0 变成 1,这样就得到 11111110,最后进行补码操作,就是在反码的末尾位加 1,这样就变成了 11111111。

7.4.4 字节数组输出流

ByteArrayOutputStream 类可以向内存的字节数组中写入数据,该类的构造方法有如表 7-5 所示两种重载形式。

表 7-6 ByteArrayOutputStream 类构造方法表

方法	说明
ByteArrayOutputStream()	创建一个字节数组输出流,输出流缓冲区的初始容量大小为 32 字节
ByteArrayOutputStream(int size)	创建一个字节数组输出流,输出流缓冲区的初始容量大小由参数 size 指定

ByteArrayOutputStream 类中除了有前面介绍的字节输出流中的常用方法外,还有如表 7-6 所示两个方法。

表 7-7 ByteArrayOutputStream 类常用方法表

方 法	说 明
int size()	返回缓冲区中的当前字节数
byte[] toByteArray()	以字节数组的形式返回输出流中的当前内容

【例 7-8】 使用 ByteArrayOutputStream 类编写一个案例,实现将字节数组中的数据输出,代码如下所示:

```java
import java.io.ByteArrayOutputStream;
import java.util.Arrays;

public class Example7_8
{
    public static void main(String[]args)
    {
        ByteArrayOutputStream baos = new ByteArrayOutputStream();
        byte[] b = new byte[]{1,-1,25,-22,-5,23};    //创建数组
        //将字节数组 b 中的前 4 个字节元素写到输出流中
        baos.write(b,0,6);
        //输出缓冲区中的字节数
        System.out.println("数组中一共包含:" + baos.size() + "字节");
        //将输出流中的当前内容转换成字节数组
        byte[] newByteArray = baos.toByteArray();
        //输出数组中的内容
        System.out.println(Arrays.toString(newByteArray));
    }
}
```

该程序的输出结果如下:

```
数组中一共包含:6字节
[1, -1, 25, -22, -5, 23]
```

7.4.5 文件输入流

FileInputStream 是 Java 流中比较常用的一种,它表示从文件系统的某个文件中获取输入字节。通过使用 FileInputStream 可以访问文件中的一个字节、一批字节或整个文件。

注意:在创建 FileInputStream 类的对象时,如果找不到指定的文件将抛出 FileNotFoundException 异常,该异常必须捕获或声明抛出。

FileInputStream 常用的构造方法如表 7-8 所示两种重载形式。

表 7-8　FileInputStream 类构造方法表

方　法	说　明
FileInputStream(File file)	通过打开一个到实际文件的链接来创建一个 FileInputStream，该文件通过文件系统中的 File 对象 file 指定
FileInputStream(String name)	通过打开一个到实际文件的链接来创建一个 FileInputStream，该文件通过文件系统中的路径名 name 指定

下面的示例演示了 FileInputStream() 两个构造方法的使用：

```
try
{
    //以 File 对象作为参数创建 FileInputStream 对象
    FileInputStream fis1 = new FiieInputStream(new File("F:/mxl.txt"));
    //以字符串值作为参数创建 FilelnputStream 对象
    FileInputStream fis2 = new FileInputStream("F:/mxl.txt");
}
catch(FileNotFoundException e)
{
    System.out.println("指定的文件找不到!");
}
```

【例 7-9】 在 D 盘下创建 D:\HelloJava.java 文件，在里面输入以下代码：

```
public class HelloJava{
    //这里是程序入口
    public static void main(String[] args){
        //输出字符串
        System.out.println("你好 Java");
    }
}
```

下面使用 FileInputStream 类读取并输出该文件的内容。具体代码如下所示：

```
1  import java.io.File;
2  import java.io.FileInputStream;
3  import java.io.IOException;
4
5  public class Example7_9
6  {
7      public static void main(String[] args)
8      {
9          File f = new File("D:\\HelloJava.java");
10         FileInputStream fis = null;
11         try
```

```
12      {
13          //因为 File 没有读写的能力,所以需要有个 InputStream
14          fis = new FileInputStream(f);
15          //定义一个字节数组
16          byte[] bytes = new byte[1024];
17          int n = 0;    //得到实际读取到的字节数
18          System.out.println("D:\\HelloJava.java 文件内容如下:");
19          //循环读取
20          while((n = fis.read(bytes)) != -1)
21          {
22              //将数组中从下标 0 到 n 的内容给 s
23              String s = new String(bytes,0,n);
24              System.out.println(s);
25          }
26      }
27      catch(Exception e)
28      {
29          e.printStackTrace();
30      }
31      finally
32      {
33          try
34          {
35              fis.close();
36          }
37          catch(IOException e)
38          {
39              e.printStackTrace();
40          }
41      }
42  }
43 }
```

如上述代码,main()方法中首先创建了一个 File 对象 f,该对象指向 D:\HelloJava.java 文件。接着使用 FileInputStream 类的构造方法创建了一个 FileInputStream 对象 fis,并声明一个长度为 1024 的 byte 类型的数组,然后使用 FileInputStream 类中的 read()方法将 HelloJava.java 文件中的数据读取到字节数组 bytes 中,并输出该数据。最后在 finally 语句中关闭 FileInputStream 输入流。

图 7-8 所示为 HelloJava.java 文件的原始内容,如下所示的是运行程序后的输出内容。

```
D:\myjava\HelloJava.java 文件内容如下：
/*
*第一个 Java 程序
*/
public class HelloJava{
    //这里是程序入口
    public static void main(String[] args){
        //输出字符串
        System.out.println("你好 Java");
    }
}
```

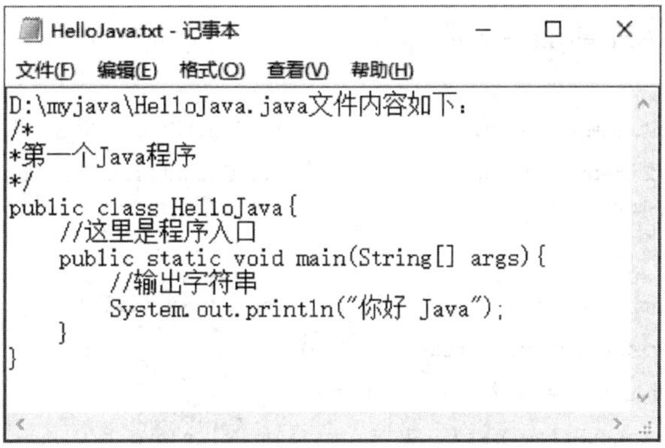

图 7-8 HelloJava.java 文件内容

注意：FileInputStream 类重写了父类 InputStream 中的 read( )方法、skip( )方法、available( )方法和 close( )方法，不支持 mark( )方法和 reset( )方法。

7.4.6 文件输出流

FileOutputStream 类继承自 OutputStream 类，重写和实现了父类中的所有方法。FileOutputStream 类的对象表示一个文件字节输出流，可以向流中写入一个字节或一批字节。在创建 FileOutputStream 类的对象时，如果指定的文件不存在，则创建一个新文件；如果文件已存在，则清除原文件的内容重新写入。

FileOutputStream 类的构造方法主要有如表 7-9 所示四种重载形式。

表 7-9 FileOutputStream 类构造方法

方　　法	说　　明
FileOutputStream(File file)	创建一个文件输出流，参数 file 指定目标文件
FileOutputStream(File file,boolean append)	创建一个文件输出流，参数 file 指定目标文件，append 指定是否将数据添加到目标文件的内容末尾，如果为 true，则在末尾添加；如果为 false，则覆盖原有内容；其默认值为 false
FileOutputStream(String name)	创建一个文件输出流，参数 name 指定目标文件的文件路径信息
FileOutputStream(String name,boolean append)	创建一个文件输出流，参数 name 和 append 的含义同上

注意：使用构造方法 FileOutputStream(String name,boolean append)创建一个文件输出流对象，它将数据附加在现有文件的末尾。该字符串 name 指明了原文件，如果只是为了附加数据而不是重写任何已有的数据，布尔类型参数 append 的值应为 true。

【例 7-10】 读取 E:\myjava\HelloJava.java 文件的内容，在这里使用 FileInputStream 类实现，然后将内容写入新的文件 E:\myjava\HelloJava.txt 中。具体的代码如下所示：

```
1   import java.io.File;
2   import java.io.FileInputStream;
3   import java.io.FileOutputStream;
4   import java.io.IOException;
5
6   public class Example7_10
7   {
8       public static void main(String[] args)
9       {
10          FileInputStream fis = null;      //声明 FileInputStream 对象 fis
11          FileOutputStream fos = null;     //声明 FileOutputStream 对象 fos
12          try
13          {
14              File srcFile = new File("E:/myjava/HelloJava.java");
15              fis = new FileInputStream(srcFile);
16              //创建目标文件对象，该文件不存在
17              File targetFile = new File("E:/myjava/HelloJava.txt");
18              fos = new FileOutputStream(targetFile);
19              byte[] bytes = new byte[1024];        //每次读取 1024 字节
20              int i = fis.read(bytes);
21              while(i!=-1)
22              {
23                  fos.write(bytes,0,i);
24                  i = fis.read(bytes);
25              }
26              System.out.println("写入结束!");
27          }
28          catch(Exception e)
29          {
30              e.printStackTrace();
31          }
32          finally
33          {
34              try
35              {
36                  fis.close();    //关闭 FileInputStream 对象
37                  fos.close();    //关闭 FileOutputStream 对象
38              }
```

```
39              catch(IOException e)
40              {
41                  e.printStackTrace();
42              }
43          }
44      }
45  }
```

如上述代码，将 E:\myjava\HelloJava.java 文件中的内容通过文件输入/输出流写入了 E:\myjava\HelloJava.txt 文件中。由于 HelloJava.txt 文件并不存在，所以在执行程序时将新建此文件，并写入相应内容。

运行程序，成功后会在控制台输出"写入结束！"。此时，打开 E:\myjava\HelloJava.txt 文件会发现，其内容与 HelloJava.java 文件的内容相同，如图 7-9 所示。

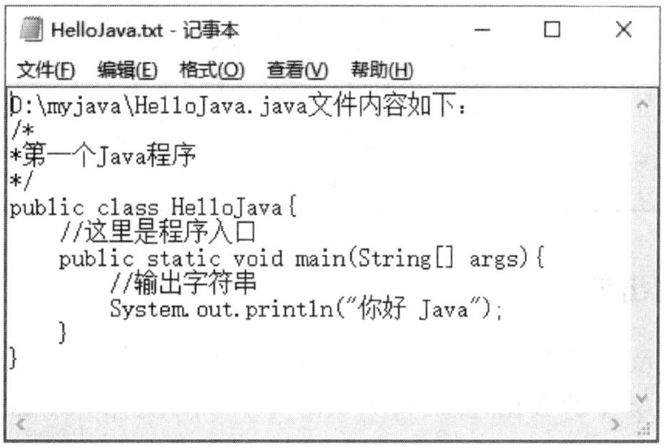

图 7-9　HelloJava.txt 文件写入内容

注意：在创建 FileOutputStream 对象时，如果将 append 参数设置为 true，则可以在目标文件的内容末尾添加数据，此时目标文件仍然可以暂不存在。

7.4.7　数据输入流

DataInputStream 可以从输入流中读取 Java 基本数据类型值。

DataInputStream 类包含读取数据类型值的读取方法。例如，要读取 int 值，它包含一个 readInt()方法；读取 char 值，它有一个 readChar()方法等。它还支持使用 readUTF()方法读取字符串。DataInputStream 只有一种构造方法，如表 7-10 所示。

表 7-10　**DataInputStream 类构造方法表**

方　　法	说　　明
DataInputStream(InputStream in)	创建使用指定的底层 InputStream 的 DataInputStream。in 为指定的输入流

从构造方法上可以看出，DataInputStream 的参数是其他字节流对象。事实上，DataInputStream 是一个包装类，它将其他字节流中的字节数据进行打包，最终变成 Java 的基本数据类型以及字符串对象。

DataInputStream 的常用方法如表 7-11 所示。

表 7-11 DataInputStream 常用方法表

方法名	说明
int read(byte[] b)	从包含的输入流中读取一些字节数,并将它们存储到缓冲区数组 b
int read(byte[] b,int off,int len)	从包含的输入流读取最多 len 个字节的数据为字节数组
boolean readBoolean()	读取一个输入字节,如果该字节不是零,则返回 true,如果是零,则返回 false
byte readByte()	读取并返回一个输入字节
char readChar()	读取两个输入字节并返回一个 char 值
double readDouble()	读取八个输入字节并返回一个 double 值
float readFloat()	读取四个输入字节并返回一个 float 值
int readInt()	读取四个输入字节并返回一个 int 值
long readLong()	读取四个输入字节并返回一个 long 值
short readShort()	读取四个输入字节并返回一个 short 值
string readUTF()	读取 UTF 类型的值(一般要和 writeUTF() 方法配套使用)否则会抛出异常
static String readUTF(DataInput in)	从流 in 读取以 modifiedUTF-8 格式编码的 Unicode 字符串的表示;然后这个字符串作为 String 返回

7.4.8 数据输出流

DataOutputStream 是与 DataInputStream 所对应的一个类,可以从输出流中将字节数据包装成 Java 基本数据类型的数据,然后写到文件中。DataOutputStream 的构造方法是如表 7-12 所示。

表 7-12 DataOutputStream 类构造方法表

方法	说明
DataOutputStream(OutputStream out)	创建一个新的数据输出流,以将数据写入指定的底层输出流。out 为指定输出流对象

DataOutputStream 的常用方法如表 7-13 所示。

表 7-13 DataOutputStream 类常用方法

方法名	说明
void write(byte[]b,int off,int len)	将 byte 数组 off 角标开始的 len 个字节写到 OutputStream 输出流对象中
void write(int b)	将指定字节的最低 8 位写入基础输出流
void writeBoolean(boolean b)	将一个 boolean 值以 1-byte 形式写入基本输出流
void writeByte(int v)	将一个 byte 值以 1-byte 值形式写入到基本输出流中
void writeBytes(String s)	将字符串按字节顺序写入到基本输出流中
void writeChar(int v)	将一个 char 值以 2-byte 形式写入基本输出流中。先写入高字节
void writeInt(int v)	将一个 int 值以 4-byte 值形式写入输出流中先写高字节
void writeUTF(String str)	使用 UTF-8 编码以机器无关的方式将字符串写入基础输出流
int size()	返回计数器的当前值 written,到目前为止写入此数据输出流的字节数

【例 7-11】 使用数据流读写数据，代码如下所示：

```java
1  import java.io.*;
2
3  public class Example7_11 {
4      public static void main(String[] args) throws IOException {
5          DataOutputStream dos = new DataOutputStream(new
6                                        FileOutputStream("D:\\java.txt"));
7          dos.writeUTF("α");
8          dos.writeInt(1234567);
9          dos.writeBoolean(true);
10         dos.writeShort((short)123);
11         dos.writeLong((long)456);
12         dos.writeDouble(99.98);
13         DataInputStream dis = new DataInputStream(new
14                                        FileInputStream("D:\\java.txt"));
15         System.out.println(dis.readUTF());
16         System.out.println(dis.readInt());
17         System.out.println(dis.readBoolean());
18         System.out.println(dis.readShort());
19         System.out.println(dis.readLong());
20         System.out.println(dis.readDouble());
21         dis.close();
22         dos.close();
23     }
24 }
```

输出结果如下：

```
α
1234567
true
123
456
99.98
```

7.5　Java 字符流的使用

尽管 Java 中字节流的功能十分强大，几乎可以直接或间接地处理任何类型的输入/输出操作，但利用它却不能直接操作 16 位的 Unicode 字符，这就要用到字符流。本节将重点介绍字符流的操作。

7.5.1 字符输入流

Reader 类是所有字符流输入类的父类,该类定义了许多方法,这些方法对所有子类都是有效的。

Reader 类的常用子类如下。

- CharArrayReader 类:将字符数组转换为字符输入流,从中读取字符。
- StringReader 类:将字符串转换为字符输入流,从中读取字符。
- BufferedReader 类:为其他字符输入流提供读缓冲区。
- PipedReader 类:连接到一个 PipedWriter。
- InputStreamReader 类:将字节输入流转换为字符输入流,可以指定字符编码。

与 InputStream 类相同,在 Reader 类中也包含 close()、mark()、skip()和 reset()等方法,这些方法可以参考 InputStream 类的方法。下面主要介绍 Reader 类中的 read()方法,如表 7-14 所示。

表 7-14 Reader 类中常用方法表

方法名及返回值类型	说 明
int read()	从输入流中读取一个字符,并把它转换为 0~65 535 的整数。如果返回 −1,则表示已经到了输入流的末尾。为了提高 I/O 操作的效率,建议尽量使用下面两种 read()方法
int read(char[] cbuf)	从输入流中读取若干个字符,并把它们保存到参数 cbuf 指定的字符数组中。该方法返回读取的字符数,如果返回 −1,则表示已经到了输入流的末尾
int read(char[] cbuf,int off,int len)	从输入流中读取若干个字符,并把它们保存到参数 cbuf 指定的字符数组中。其中,off 指定在字符数组中开始保存数据的起始下标,len 指定读取的字符数。该方法返回实际读取的字符数,如果返回 −1,则表示已经到了输入流的末尾

7.5.2 字符输出流

与 Reader 类相反,Writer 类是所有字符输出流的父类,该类中有许多方法,这些方法对继承该类的所有子类都是有效的。

Writer 类的常用子类如下。

- CharArrayWriter 类:向内存缓冲区的字符数组写数据。
- StringWriter 类:向内存缓冲区的字符串(StringBuffer)写数据。
- BufferedWriter 类:为其他字符输出流提供写缓冲区。
- PipedWriter 类:连接到一个 PipedReader。
- OutputStreamReader 类:将字节输出流转换为字符输出流,可以指定字符编码。

与 OutputStream 类相同,Writer 类也包含 close()、flush()等方法,这些方法可以参考 OutputStream 类的方法。下面主要介绍 Writer 类中的 write()方法和 append()方法,如表 7-15 所示。

表 7-15 Writer 类常用方法表

方法名及返回值类型	说　明
void write(int c)	向输出流中写入一个字符
void write(char[] cbuf)	把参数 cbuf 指定的字符数组中的所有字符写到输出流中
void write(char[] cbuf,int off,int len)	把参数 cbuf 指定的字符数组中的若干字符写到输出流中。其中,off 指定字符数组中的起始下标,len 表示元素个数
void write(String str)	向输出流中写入一个字符串
void write(String str,int off,int len)	向输出流中写入一个字符串中的部分字符。其中,off 指定字符串中的起始偏移量,len 表示字符个数
append(char c)	将参数 c 指定的字符添加到输出流中
append(charSequence esq)	将参数 esq 指定的字符序列添加到输出流

注意:Writer 类所有的方法在出错的情况下都会引发 IOException 异常。关闭一个流后,再对其进行任何操作都会产生错误。

7.5.3　字符文件输入流

为了读取方便,Java 提供了用来读取字符文件的便捷类——FileReader。该类的构造方法有如表 7-16 所示两种重载形式。

表 7-16　FileReader 构造方法表

方　法	说　明
FileReader(File file)	在给定要读取数据的文件的情况下创建一个新的 FileReader 对象
FileReader(String fileName)	在给定从中读取数据的文件名的情况下创建一个新 FileReader 对象

在用该类的构造方法创建 FileReader 读取对象时,默认的字符编码及字节缓冲区大小都是由系统设定的。用户要自己指定这些值,可以在 FileInputStream 上构造一个 InputStreamReader。

注意:在创建 FileReader 对象时可能会引发一个 FileNotFoundException 异常,因此需要使用 trycatch 语句捕获该异常。

字符流和字节流的操作步骤相同,都是首先创建输入流或输出流对象,即建立连接管道,建立完成后进行读或写操作,最后关闭输入/输出流通道。

【例 7-12】　要将 D:\HelloJava.java 文件中的内容读取并输出到控制台,使用 FileReader 类的实现代码如下所示:

```
1  import java.io.FileReader;
2  import java.io.IOException;
3
4  public class Example7_12
5  {
6      public static void main(String[]args)
7      {
8          FileReader fr = null;
9          try
```

```
10      {
11          fr = new FileReader("D:\\HelloJava.java");//创建 FileReader 对象
12          int i = 0;
13          System.out.println("D:\\HelloJava.java 文件内容如下:");
14          while((i = fr.read())!= -1)
15          {       //循环读取
16              System.out.print((char) i);//将读取的内容强制转换为 char 类型
17          }
18      }
19      catch(Exception e)
20      {
21          System.out.print(e);
22      }
23      finally
24      {
25          try
26          {
27              fr.close();     //关闭对象
28          }
29          catch(IOException e)
30          {
31              e.printStackTrace();
32          }
33      }
34  }
35 }
```

如上述代码,首先创建了 FileReader 字符输入流对象 fr,该对象指向 D:\HelloJava.java 文件,然后定义变量 i 来接收调用 read()方法的返回值,即读取的字符。在 while 循环中,每次读取一个字符赋给整型变量 i,直到读取到文件末尾时退出循环(当输入流读取到文件末尾时,会返回值-1)。

7.5.4 字符文件输出流

Java 提供了写入字符文件的便捷类——FileWriter,该类的构造方法有如表 7-17 所示的四种重载形式。

表 7-17 FileWriter 类构造方法的重载形式

方 法	说 明
FileWriter(File file)	在指定 File 对象的情况下构造一个 FileWriter 对象。其中,file 表示要写入数据的 File 对象
FileWriter(File file,boolean append)	在指定 File 对象的情况下构造一个 FileWriter 对象,如果 append 的值为 true,则将字节写入文件末尾,而不是写入文件开始处
FileWriter(String fileName)	在指定文件名的情况下构造一个 FileWriter 对象。其中,fileName 表示要写入字符的文件名,表示的是完整路径
FileWriter(String fileName,boolean append)	在指定文件名以及要写入文件的位置的情况下构造 FileWriter 对象。其中,append 是一个 boolean 值,如果为 true,则将数据写入文件末尾,而不是文件开始处

在创建 FileWriter 对象时,默认字符编码和默认字节缓冲区大小都是由系统设定的。

FileWriter 类的创建不依赖于文件存在与否,如果关联文件不存在,则会自动生成一个新的文件。在创建文件之前,FileWriter 将在创建对象时打开它作为输出。如果试图打开一个只读文件,将引发一个 IOException 异常。

注意:在创建 FileWriter 对象时可能会引发 IOException 或 SecurityException 异常,因此需要使用 try catch 语句捕获该异常。

【例 7-13】 编写一个程序,将用户输入的 4 个字符串保存到 E:\myjava\book.txt 文件中。在这里使用 FileWriter 类中的 write() 方法循环向指定文件中写入数据,实现代码如下所示:

```
1  import java.io.FileWriter;
2  import java.io.IOException;
3  import java.util.Scanner;
4
5  public class Example7_13
6  {
7      public static void main(String[] args)
8      {
9          Scanner input = new Scanner(System.in);
10         FileWriter fw = null;
11         try
12         {
13             fw = new FileWriter("E:\\myjava\\book.txt");    //创建 FileWriter 对象
14             for(int i = 0;i < 4;i++)
15             {
16                 System.out.println("请输入第" + (i + 1) + "个字符串:");
17                 String name = input.next();    //读取输入的名称
18                 fw.write(name + "\r\n");    //循环写入文件
19             }
20             System.out.println("录入完成!");
21         }
22         catch(Exception e)
23         {
24             System.out.println(e.getMessage());
25         }
26         finally
27         {
28             try
29             {
30                 fw.close();    //关闭对象
31             }
32             catch(IOException e)
```

```
33          {
34              e.printStackTrace();
35          }
36      }
37  }
38 }
```

如上述代码,首先创建了一个指向 E:\myjava\book.txt 文件的字符文件输出流对象 fw;然后使用 for 循环录入 4 个字符串,并调用 write()方法将字符串写入指定的文件中;最后在 finally 语句中关闭字符文件输出流。

运行该程序,根据提示输入 4 个字符串,如下所示。接着打开 E:\myjava\book.txt 文件,将看到写入的内容,如图 7-10 所示。

```
请输入第 1 个字符串:
热点要闻
请输入第 2 个字符串:
个性推荐
请输入第 3 个字符串:
热搜新闻词
请输入第 4 个字符串:
本地看点
录入完成!
```

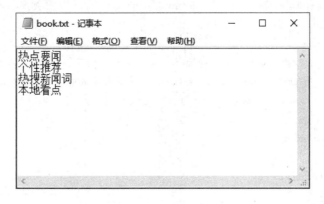

图 7-10　book.txt 文件内容

7.5.5　字符缓冲区输入流

BufferedReader 类主要用于辅助其他字符输入流,它带有缓冲区,可以先将一批数据读到内存缓冲区。接下来的读操作就可以直接从缓冲区中获取数据,而不需要每次都从数据源读取数据并进行字符编码转换,这样就可以提高数据的读取效率。

BufferedReader 类的构造方法有如下两种重载形式。

(1) BufferedReader(Reader in):创建一个 BufferedReader 来修饰参数 in 指定的字符输入流。

（2）BufferedReader(Reader in,int size)：创建一个 BufferedReader 来修饰参数 in 指定的字符输入流，参数 size 则用于指定缓冲区的大小，单位为字符。

除了可以为字符输入流提供缓冲区以外，BufferedReader 还提供了 readLine()方法，该方法返回包含该行内容的字符串，但该字符串中不包含任何终止符，如果已到达流末尾，则返回 null。readLine()方法表示每次读取一行文本内容，当遇到换行(\n)、回车(\r)或回车后直接跟着换行标记符即可认为某行已终止。

【例 7-14】 使用 BufferedReader 类中的 readLine()方法逐行读取 E:\myjava\book.txt 文件中的内容，并将读取的内容在控制台中打印输出，代码如下所示：

```
1  import java.io.BufferedReader;
2  import java.io.FileNotFoundException;
3  import java.io.FileReader;
4  import java.io.IOException;
5
6  public class Example7_14
7  {
8      public static void main(String[] args)
9      {
10         FileReader fr = null;
11         BufferedReader br = null;
12         try
13         {
14             fr = new FileReader("E:\\myjava\\book.txt");
15             br = new BufferedReader(fr);        //创建 BufferedReader 对象
16             System.out.println("E:\\myjava\\book.txt 文件中内容如下：");
17             String strLine = "";
18             while((strLine = br.readLine())!= null)
19             {    //循环读取每行数据
20                 System.out.println(strLine);
21             }
22         }
23         catch(FileNotFoundException e1)
24         {
25             e1.printStackTrace();
26         }
27         catch(IOException e)
28         {
29             e.printStackTrace();
30         }
31         finally
32         {
33             try
34             {
```

```
35              fr.close();    //关闭FileReader对象
36              br.close();
37          }
38          catch(IOException e)
39          {
40              e.printStackTrace();
41          }
42      }
43  }
44 }
```

如上述代码,首先分别创建了名称为 fr 的 FileReader 对象和名称为 br 的 BufferedReader 对象;然后调用 BufferedReader 对象的 readLine()方法逐行读取文件中的内容。如果读取的文件内容为 null,即表明已经读取到文件尾部,此时退出循环不再进行读取操作;最后将字符文件输入流和带缓冲的字符输入流关闭。

运行该程序,输出结果如下所示:

```
E:\myjava\book.txt 文件中的内容如下:
热点要闻
个性推荐
热搜新闻词
本地看点
```

7.5.6 字符缓冲区输出流

BufferedWriter 类主要用于辅助其他字符输出流,它同样带有缓冲区,可以先将一批数据写入缓冲区,当缓冲区满了以后,再将缓冲区的数据一次性写到字符输出流,其目的是为了提高数据的写效率。

BufferedWriter 类的构造方法有如表 7-18 所示的两种重载形式。

表 7-18 BufferedWriter 类构造方法的重载形式

名 称	说 明
BufflferedWriter(Writer out)	创建一个 BufferedWriter 来修饰参数 out 指定的字符输出流
BufferedWriter(Writer out,int size)	创建一个 BufferedWriter 来修饰参数 out 指定的字符输出流,参数 size 则用于指定缓冲区的大小,单位为字符

注意:BufferedWriter 类的使用与 FileWriter 类相同,这里不再重述。

7.5.7 Java 保存图书信息

在本章"Java 字节流的使用"和"Java 字符流的使用"中已经详细介绍了字节、字符输入/输出流的应用,利用输出流我们可以将一些数据保存到磁盘文件中,利用输入流可以读取磁盘文件中的内容。本节将综合使用文件输入/输出流完成存储图书并将图书信息再读取出来的功能。

【例 7-15】 每到学校开学季都会新进一批图书教材,需要将这些图书信息保存到文件,再将它们打印出来方便老师查看。下面编写程序,使用文件输入/输出流完成图书信息的存储和读取功能,具体的实现步骤如下:

(1) 创建 Book 类,在该类中包含 no、name 和 price3 个属性,分别表示图书编号、图书名称和图书单价。同时还包含两个方法 write()和 read(),分别用于将图书信息写入磁盘文件中和从磁盘文件中读取图书信息并打印到控制台。

此外,在 Book 类中包含有该类的 toString()方法和带有 3 个参数的构造方法,具体的内容如下:

```
1  import java.io.BufferedReader;
2  import java.io.FileReader;
3  import java.io.FileWriter;
4  import java.io.IOException;
5  import java.util.List;
6
7  public class Book
8  {
9      private int no;         //编号
10     private String name;    //名称
11     private double price;   //单价
12     public Book(int no,String name,double price)
13     {
14         this.no = no;
15         this.name = name;
16         this.price = price;
17     }
18     public String toString()
19     {
20         return "图书编号:" + this.no + ",图书名称:" + this.name + ",图书单价:
21                                                          " + this.price + "\n";
22     }
23     public static void write(List books)
24     {
25         FileWriter fw = null;
26         try
27         {
28             fw = new FileWriter("E:\\myjava\\books.txt");
29             for(int i = 0;i < books.size();i++)
30             {
31                 fw.write(books.get(i).toString());    //循环写入
32             }
33         }
```

```java
34        catch(Exception e)
35        {
36            System.out.println(e.getMessage());
37        }
38        finally
39        {
40            try
41            {
42                fw.close();
43            }
44            catch(IOException e)
45            {
46                e.printStackTrace();
47            }
48        }
49    }
50    public static void read()
51    {
52        FileReader fr = null;
53        BufferedReader br = null;
54        try
55        {
56            fr = new FileReader("E:\\myjava\\books.txt");
57            br = new BufferedReader(fr);      //创建BufferedReader对象
58            String str = "";
59            while((str = br.readLine())! = null)
60            {    //循环读取每行数据
61                System.out.println(str);    //输出读取的内容
62            }
63        }
64        catch(Exception e)
65        {
66            System.out.println(e.getMessage());
67        }
68        finally
69        {
70            try
71            {
72                br.close();
73                fr.close();
74            }
75            catch(IOException e)
76            {
```

```
77              e.printStackTrace();
78          }
79      }
80  }
81 }
```

如上述代码,分别使用字符文件输出流 FileWriter 和字符缓冲区输入流 BufferedReader 完成对图书信息的存储和读取功能。

(2) 编写测试类,创建两个 Book 对象,并将这两个对象保存到 List 集合中,再将 List 集合对象传递给 Book 类中的 write()方法,向 E:\myjava\books. 文件中写入图书信息。最后调用 Book 类中的 read()方法读取该文件内容,代码如下:

```
1  import java.util.ArrayList;
2  import java.util.List;
3  import java.util.Scanner;
4
5  public class Example7_15
6  {
7      public static void main(String[] args)
8      {
9          Book book1 = new Book(1001,"Java 学习入门手册",49);
10         Book book2 = new Book(1002,"Java 编程 100 例",29);
11         List books = new ArrayList();
12         books.add(book1);
13         books.add(book2);
14         Book.write(books);
15         System.out.println("********图书信息**********");
16         Book.read();
17     }
18 }
```

(3) 运行程序,输出的图书信息,如下所示。打开 E:\myjava\books. txt 文件,该文件的内容如图 7-11 所示。

```
******************** 图书信息 ********************
图书编号:1001,图书名称:Java 学习入门手册,图书单价:49.0
图书编号:1002,图书名称:Java 编程 100 例,图书单价:29.0
```

7.6 本章小结

在变量、数组、对象和集合中存储的数据是暂时存在的,一旦程序结束它们就会丢失。为了能够永久地保存程序创建的数据,需要将其保存到磁盘文件中,这样就可以在其他程序中使用。Java 的 I/O(输入/输出)技术可以将数据保存到文本文件和二进制文件中,以达到永久保

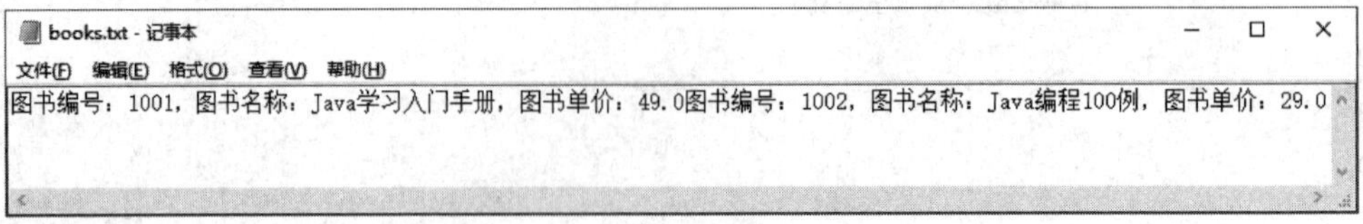

图 7-11 文件保存的图书信息

存数据的要求。

本章从基础的流概念、流的分类、系统流的使用开始介绍,进而介绍如何操作文件、读取文件和写入文件。掌握 Java 中 I/O 处理技术能够提高读者对数据的处理能力。

本 章 习 题

一、选择题

1. 下面哪个流属于面向字符的输出流(　　)。
   A. BufferedWriter　　　　　　　　B. FileInputStream
   C. ObjectInputStream　　　　　　D. InputStreamReader

2. 输入流将数据从文件、标准输入或其他外部输入设备中加载到内存,在 java 中对应于抽象类(　　)及其子类。
   A. java.io.InputStream　　　　　B. java.io.OutputStream
   C. java.os.InputStream　　　　　D. java.os.OutputStream

3. java.io 包的 File 类是(　　)。
   A. 字符流类　　　　　　　　　　B. 字节流类
   C. 对象流类　　　　　　　　　　D. 不属于上面三者

4. 下列哪项是 Java 语言中所定义的字节流?(　　)
   A. Output　　B. Reader　　C. Writer　　D. InputStream

5. 在输入流的 read 方法返回哪个值的时候表示读取结束?(　　)
   A. 0　　　　B. 1　　　　C. −1　　　　D. null

6. 为了从文本文件中逐行读取内容,应该使用哪个处理流对象?(　　)
   A. BufferedReader　　　　　　　B. BufferedWriter
   C. BufferedInputStream　　　　　D. BufferedOutputStream

7. 实现字符流的写操作类是(　　)。
   A. Reader　　　　　　　　　　　B. Writer
   C. FileInputStream　　　　　　　D. FileOutputStream

8. 实现字符流的读操作类是(　　)。
   A. Reader　　　　　　　　　　　B. Writer
   C. FileInputStream　　　　　　　D. FileOutputStream

9. 字符流和字节流的区别是（　　）。

A. 前者带有缓冲,后者没有

B. 前者是块读写,后者是字节读写

C. 二者没有区别,可以互换使用

D. 每次读写的字节数不同

10. 如果需要从文件中读取数据,则可以在程序中创建哪一个类的对象？（　　）

A. FileInputStream　　　　　　　　B. FileOutputStream

C. DataOutputStream　　　　　　　D. FileWriter

二、简答题

1. 简述流的概念。

2. Java 流被分为字节流、字符流两大流类,两者有什么区别？

三、编程题

1. 在电脑 D 盘下创建一个文件为 IOTest.txt 文件,判断它是文件还是目录,再创建一个目录 IOFolder;将 IOTest.txt 移动到 IOFolder 目录下去;之后遍历 IOFolder 这个目录下的文件：

1) createNewFile(文件创建方法)

2) isDirectory(检查一个对象是否是文件夹)

3) mkdirs(创建文件夹)

4) renameTo(移动文件)

2. 从磁盘读取一个文件到内存中,然后打印到控制台：

1) 读取文件用到 FileInputSteam

2) 把读取的内容不断加入 StringBuffer

3) 再把 StringBuffer 打印出来就可以

第 8 章　Java 多线程编程

本章学习要点

- 了解进程和线程的概念；
- 掌握 Thread 类的使用；
- 掌握 Runnable 接口的使用；
- 熟悉线程的生命周期；
- 了解线程同步；
- 熟悉各种操作线程的方法；
- 掌握停止线程的方法；
- 掌握暂停线程的方法；
- 熟悉线程的优先级和实现。

8.1　Java 线程的概念

　　世间万物都可以同时完成很多工作。例如，人体可以同时进行呼吸、血液循环、思考问题等活动。用户既可以使用计算机听歌，也可以编写文档和发送邮件，而这些活动的完成可以同时进行。这种同时执行多个操作的"思想"在 Java 中被称为并发，而将并发完成的每一件事称为线程。

　　在 Java 中，并发机制非常重要，但并不是所有程序语言都支持线程。在以往的程序中，多以一个任务完成以后再进行下一个任务的模式进行，这样下一个任务的开始必须等待前一个任务的结束。Java 语言提供了并发机制，允许开发人员在程序中执行多个线程，每个线程完成一个功能，并与其他线程并发执行。这种机制被称为多线程。

　　多线程是非常复杂的机制，如同时阅读 3 本书。首先阅读第 1 本第 1 章，然后阅读第 2 本第 1 章，再阅读第 3 本第 1 章，接着回过头阅读第 1 本第 2 章，依此类推，就体现了多线程的复杂性。

　　既然多线程这么复杂，那么它在操作系统中是怎样工作的呢？其实，Java 中的多线程在每个操作系统中的运行方式也存在差异，在此以 Windows 操作系统为例介绍其运行模式。

　　Windows 系统是多任务操作系统，它以进程为单位。一个进程是一个包含有自身地址的程序，每个独立执行的程序都称为进程，也就是正在执行的程序。图 8-1 所示为 Windows7 系统下使用任务管理器查看进程的结果。

　　系统可以分配给每个进程一段有限的执行 CPU 的时间（也称为 CPU 时间片），CPU 在这段时间中执行某个进程，然后下一个时间段又跳到另一个进程中去执行。由于 CPU 切换的速度非常快，给使用者的感受就是这些任务似乎在同时运行，所以使用多线程技术后，可以在

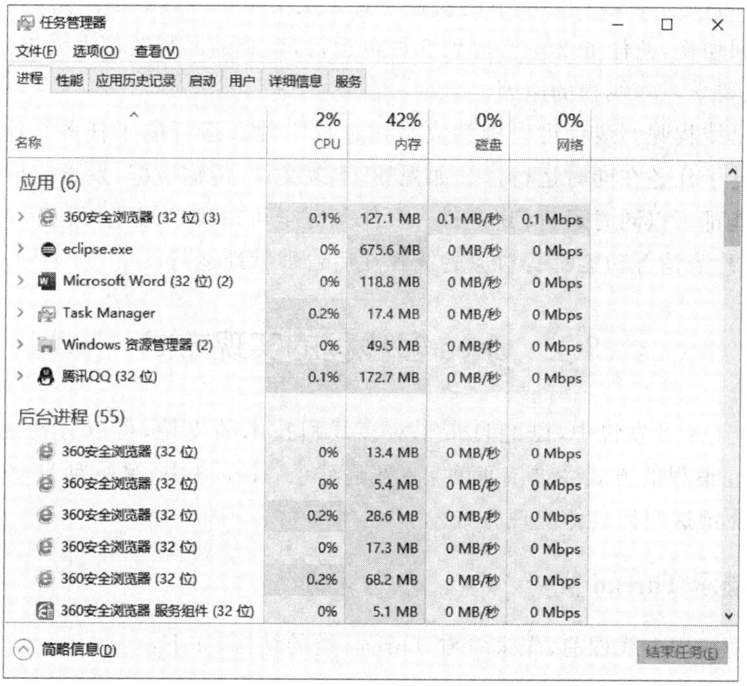

第8章 Java多线程编程

图 8-1 查看 Windows 10 的进程

同一时间内运行更多不同种类的任务。

图 8-2 的左图是单线程环境下任务 1 和任务 2 的执行模式。任务 1 和任务 2 是两个完全独立、互不相关的任务，任务 1 是在等待远程服务器返回数据，以便进行后期的处理，这时 CPU 一直处于等待状态，一直在"空运行"。如果任务 2 是在 5 秒之后被运行，虽然执行任务 2 用的时间非常短，仅仅是 1 秒，但必须在任务 1 运行结束后才可以运行任务 2。由于运行在单任务环境中，所以任务 2 有非常长的等待时间，系统运行效率大幅降低。

单任务的特点就是排队执行，也就是同步，就像在 cmd 中输入一条命令后，必须等待这条命令执行完才可以执行下一条命令一样。这就是单任务环境的缺点，即 CPU 利用率大幅降低。

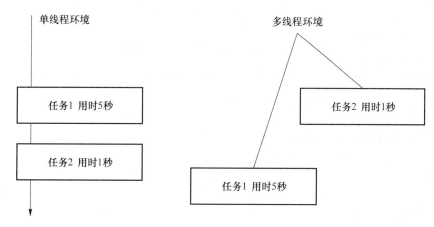

图 8-2 单线程和多线程执行模式

图 8-2 的右侧则是多线程环境下的执行模式。从中可以发现，CPU 完全可以在任务 1 和任务 2 之间来回切换，使任务 2 不必等到 5 秒再运行，系统的运行效率大大提升。这就是要使用多线程技术、要学习多线程的原因。

那么什么是线程呢？线程可以理解成是在进程中独立运行的子任务。比如，QQ.exe 运行时就有很多的子任务在同时运行。又如视频、下载文件、传输数据、发送表情等，这些不同的任务或者说功能都可以同时运行，其中每一项任务完全可以理解成是"线程"在工作，传文件、听音乐、发送图片表情等功能都有对应的线程在后台默默地运行。

8.2 Java 多线程的实现方式

在 Java 的 JDK 开发包中，已经自带了对多线程技术的支持，可以方便地进行多线程编程。实现多线程编程的方式主要有两种：一种是继承 Thread 类，另一种是实现 Runnable 接口。下面详细介绍这两种具体实现方式。

8.2.1 继承 Thread 类

在学习如何实现多线程前，先来看看 Thread 类的结构，如下：

```
public class Thread implements Runnable
```

从上面的源代码可以发现，Thread 类实现了 Runnable 接口，它们之间具有多态关系。

其实，使用继承 Thread 类的方式实现多线程，最大的局限就是不支持多继承，因为 Java 语言的特点就是单继承，所以为了支持多继承，完全可以实现 Runnable 接口的方式，一边实现一边继承。但用这两种方式创建的线程在工作时的性质是一样的，没有本质的区别。

Thread 类常用构造方法如表 8-1 所示。

表 8-1 Thread 类常用构造方法表

方法	说明
Thread()	分配一个新的 Thread 对象
Thread(String name)	分配一个新的 Thread 对象，name 为其名称
Thread(Runnable target)	分配一个新的 Thread 对象
Thread(Runnable target, String name)	分配一个新的 Thread 对象，使其具有 target 作为其运行对象，具有指定的 name 作为其名称

继承 Thread 类实现线程的语法格式如下：

```
public class NewThreadName extends Thread
{    //NewThreadName 类继承自 Thread 类
    public void run()
    {
        //线程的执行代码在这里
    }
}
```

线程实现的业务代码需要放到run()方法中。当一个类继承Thread类后,就可以在该类中覆盖run()方法,将实现线程功能的代码写入run()方法中,然后同时调用Thread类的start()方法执行线程,也就是调用run()方法。

Thread对象需要一个任务来执行,任务是指线程在启动时执行的工作,该工作的功能代码被写在run()方法中。当执行一个线程程序时,就会自动产生一个线程,主方法正是在这个线程上运行的。当不再启动其他线程时,该程序就为单线程程序。主方法线程启动由Java虚拟机负责,开发人员负责启动自己的线程。

如下代码演示了如何启动一个线程:

```
new NewThreadName().start();    //NewThreadName 为继承自 Thread 的子类
```

注意:如果start()方法调用一个已经启动的线程,系统将会抛出IllegalThreadStateException异常。

【例8-1】 编写一个Java程序演示线程的基本使用方法。这里创建的自定义线程类为MyThread,此类继承自Thread,并在重写的run()中输出一行字符串。MyThread类代码如下所示:

```
1  public class MyThread extends Thread
2  {
3      @Override
4      public void run()
5      {
6          super.run();
7          System.out.println("这是线程类 MyThread");
8      }
9  }
```

接下来编写启动MyThread线程的主方法,代码如下:

```
public class Example8_1 {
    public static void main(String[]args)
    {
        MyThread mythread = new MyThread();    //创建一个线程类
        mythread.start();                       //开启线程
        System.out.println("运行结束!");         //在主线程中输出一个字符串
    }
}
```

运行上面的程序将看到如下所示的运行效果:

```
运行结束!
这是线程类 MyThread
```

从上面的运行结果来看,MyThread类中run()方法执行的时间要比主线程晚。这也说明在使用多线程技术时,代码的运行结果与代码执行顺序或调用顺序是无关的。同时也验证了

197

线程是一个子任务,CPU 以不确定的方式,或者说以随机的时间来调用线程中的 run()方法,所以就会出现先打印"运行结束!",后输出"这是线程类 MyThread"这样的结果了。

【例 8-2】 上面介绍了线程的调用具有随机性,为了更好地理解这种随机性,这里编写了一个案例进行演示。

(1) 首先创建自定义的线程类 MyThread,代码如下:

```java
1  public class MyThread extends Thread
2  {
3      @Override
4      public void run()
5      {
6          try
7          {
8              for(int i = 0;i < 10;i++)
9              {
10                 int time = (int)(Math.random() * 1000);
11                 Thread.sleep(time);
12                 System.out.println("当前线程名称 = "
13                         + Thread.currentThread().getName());
14             }
15         }
16         catch(InterruptedException e)
17         {
18             e.printStackTrace();
19         }
20     }
21 }
```

(2) 接下来编写主线程代码,在这里除了启动上面的 MyThread 线程外,还实现了 MyThread 线程相同的功能。主线程的代码如下:

```java
1  public class Example8_2
2  {
3      public static void main(String[] args)
4      {
5          try
6          {
7              MyThread thread = new MyThread();
8              thread.setName("myThread");
9              thread.start();
10             for (int i = 0;i < 10;i++)
11             {
12                 int time = (int)(Math.random() * 1000);
```

```
13                    Thread.sleep(time);
14                    System.out.println("主线程名称 = "
15                            + Thread.currentThread().getName());
16              }
17          }
18          catch(InterruptedException e)
19          {
20              e.printStackTrace();
21          }
22      }
23 }
```

在上述代码中,为了展现出线程具有随机特性,所以使用随机数的形式来使线程得到挂起的效果,从而表现出 CPU 执行哪个线程具有不确定性。

MyThread 类中的 start()方法通知"线程规划器"此线程已经准备就绪,等待调用线程对象的 run()方法。这个过程其实就是让系统安排一个时间来调用 Thread 中的 run()方法,也就是使线程得到运行,启动线程,具有异步执行的效果。

如果调用代码 thread.run()就不是异步执行了,而是同步,那么此线程对象并不交给"线程规划器"来处理,而是由 main 主线程来调用 run()方法,也就是必须等 run()方法中的代码执行完后才可以执行后面的代码。

这种采用随机数延时调用线程的方法又称为异步调用,程序运行的效果如下所示:

```
当前线程名称 = myThread
主线程名称 = main
当前线程名称 = myThread
当前线程名称 = myThread
当前线程名称 = myThread
主线程名称 = main
当前线程名称 = myThread
当前线程名称 = myThread
主线程名称 = main
当前线程名称 = myThread
主线程名称 = main
当前线程名称 = myThread
当前线程名称 = myThread
当前线程名称 = myThread
主线程名称 = main
主线程名称 = main
主线程名称 = main
主线程名称 = main
主线程名称 = main
主线程名称 = main
```

【例 8-3】 除了异步调用之外,同步执行线程 start()方法的顺序不代表线程启动的顺序。下面创建一个案例演示同步线程的调用。

(1) 首先创建自定义的线程类 MyThread,代码如下:

```java
1  public class MyThread extends Thread
2  {
3      private int i;
4      public MyThread(int i)
5      {
6          super();
7          this.i = i;
8      }
9      @Override
10     public void run()
11     {
12         System.out.println("当前数字:" + i);
13     }
14 }
```

(2) 接下来编写主线程代码,在这里创建 10 个线程类 MyThread,并按顺序依次调用它们的 start() 方法。主线程的代码如下:

```java
1  public class Example8_3
2  {
3      public static void main(String[] args)
4      {
5          MyThread t11 = new MyThread(1);
6          MyThread t12 = new MyThread(2);
7          MyThread t13 = new MyThread(3);
8          MyThread t14 = new MyThread(4);
9          MyThread t15 = new MyThread(5);
10         MyThread t16 = new MyThread(6);
11         MyThread t17 = new MyThread(7);
12         MyThread t18 = new MyThread(8);
13         MyThread t19 = new MyThread(9);
14         MyThread t110 = new MyThread(10);
15         t11.start();
16         t12.start();
17         t13.start();
18         t14.start();
19         t15.start();
20         t16.start();
21         t17.start();
22         t18.start();
23         t19.start();
24         t110.start();
25     }
26 }
```

程序运行后的结果如下所示,从运行结果中可以看到,虽然调用时数字是有序的,但是由于线程执行的随机性,导致输出的数字是无序的,而且每次顺序都不一样。

```
当前数字:1
当前数字:3
当前数字:5
当前数字:7
当前数字:6
当前数字:2
当前数字:4
当前数字:8
当前数字:10
当前数字:9
```

8.2.2 实现 Runnable 接口

如果要创建的线程类已经有一个父类,这时就不能再继承 Thread 类,因为 Java 不支持多继承,所以需要实现 Runnable 接口来应对这样的情况。

实现 Runnable 接口的语法格式如下:

```
public class MyThread extends A implements Runnable
```

提示:从 JDK 的 API 中可以发现,实质上 Thread 类实现了 Runnable 接口,其中的 run() 方法正是对 Runnable 接口中 run() 方法的具体实现。

实现 Runnable 接口的程序会创建一个 Thread 对象,并将 Runnable 对象与 Thread 对象相关联。从表 8-1 可以看出 Thread 类有两个与 Runnable 有关的构造方法:

使用上述两种构造方法之一均可以将 Runnable 对象与 Thread 实例相关联。使用 Runnable 接口启动线程的基本步骤如下:

(1) 创建一个 Runnable 对象。
(2) 使用参数带 Runnable 对象的构造方法创建 Thread 实例。
(3) 调用 start() 方法启动线程。

通过实现 Runnable 接口创建线程时,开发人员首先需要编写一个实现 Runnable 接口的类;然后实例化该类的对象,这样就创建了 Runnable 对象;接下来,使用相应的构造方法创建 Thread 实例;最后使用该实例调用 Thread 类的 start() 方法启动线程,如图 8-3 所示。

图 8-3 使用 Runnable 接口启动线程流程

【例 8-4】 编写一个简单的案例演示如何实现 Runnable 接口,以及如何启动线程。

(1) 首先创建一个自定义的 MyRunnable 类,让该类实现 Runnable 接口,并在 run() 方法中输出一个字符串。代码如下:

```
1  public class MyRunnable implements Runnable
2  {
3      @Override
4      public void run()
5      {
6          System.out.println("MyRunnable 运行中!");
7      }
8  }
```

（2）接下来在主线程中编写代码，创建一个 MyRunnable 类实例，并将该实例作为参数传递给 Thread 类的构造方法，最后调用 Thread 类的 start() 方法启动线程。具体实现代码如下：

```
1  public class Example8_4 {
2      public static void main(String[] args)
3      {
4          MyRunnable runnable = new MyRunnable();
5          Thread thread = new Thread(runnable);
6          thread.start();
7          System.out.println("主线程运行结束!");
8      }
9  }
```

如上述代码所示，启动线程的方法非常简单。运行结果如下所示，同样验证了线程执行的随机性。

```
主线程运行结束!
MyRunnable 运行中!
```

注意：要启动一个新的线程，不是直接调用 Thread 子类对象的 run() 方法，而是调用 Thread 子类的 start() 方法。Thread 类的 start() 方法会产生一个新的线程，该线程用于执行 Thread 子类的 run() 方法。

另外，从面向对象的角度来看，Thread 类是一个虚拟处理机严格的封装，只有当处理机模型修改或扩展时，才应该继承该类。由于 Java 技术只允许单一继承，因此如果已经继承了 Thread 类，就不能再继承其他任何类，这会使用户只能采用实现 Runnable 接口的方式创建线程。

8.3 Java 多线程之间访问实例变量

自定义线程类中的实例变量针对其他线程可以有共享与不共享之分，这在多个线程之间进行交互时是很重要的一个技术点。

图 8-4 所示为共享数据的示例，图 8-5 所示为不共享数据的示例。

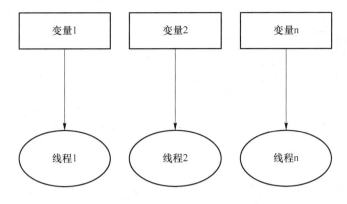

图 8-4　线程之间不共享数据实例图

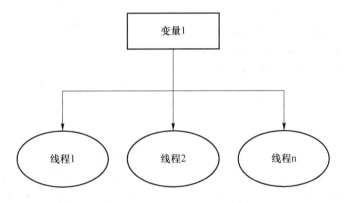

图 8-5　线程间共享数据示例图

【例 8-5】　在不共享数据时,每个线程都拥有自己作用域的变量,且多个线程之间相同变量名的值也不相同。下面创建一个示例演示这种特性。

(1) 首先创建自定义的线程类 MyThread,代码如下:

```
1  public class MyThread extends Thread
2  {
3      private int count = 5;
4      public MyThread(String name)
5      {
6          super();
7          this.setName(name);//设置线程名称
8      }
9      @Override
10     public void run()
11     {
12         super.run();
13         while (count > 0)
14         {
15             count--;
```

```
16                System.out.println("由" + this.currentThread().getName() + "计算,+
17                count = " + count);
18            }
19    }
20 }
```

(2) 下面编写代码,在主线程中创建 3 个 MyThread 线程,并启动这些线程。具体代码如下:

```
1  public class Example8_5
2  {
3      public static void main(String[]args)
4      {
5          MyThread a = new MyThread("A");
6          MyThread b = new MyThread("B");
7          MyThread c = new MyThread("C");
8          a.start();
9          b.start();
10         c.start();
11     }
12 }
```

从如下所示的运行结果可以看出,程序一共创建了 3 个线程,每个线程都有各自的 count 变量,自己减少自己的 count 变量的值。这样的情况就是变量不共享,此实例并不存在多个线程访问同一个实例变量的情况。

```
由 B 计算,count = 4
由 B 计算,count = 3
由 B 计算,count = 2
由 B 计算,count = 1
由 B 计算,count = 0
由 C 计算,count = 4
由 C 计算,count = 3
由 C 计算,count = 2
由 C 计算,count = 1
由 C 计算,count = 0
由 A 计算,count = 4
由 A 计算,count = 3
由 A 计算,count = 2
由 A 计算,count = 1
由 A 计算,count = 0
```

【例 8-6】 如果想实现多个线程共同对一个变量进行操作的目的,该如何设计代码呢?这时就必须使用共享数据的方案。共享数据的情况就是多个线程可以访问同一个变量,如在实现投票功能的软件时,多个线程可以同时处理同一个人的票数。

下面通过一个示例看一下数据共享情况。首先对例 8-5 中的 MyThread 类进行修改。具体代码如下:

```
1  public class MyThread extends Thread
2  {
3      private int count = 5;
4      @Override
5      public void run()
6      {
7          super.run();
8          count--;
9          //此示例不要用 for 语句,因为使用同步后其他线程就得不到运行的机会了,
10         //一直由一个线程进行减法运算
11         System.out.println("由 " + this.currentThread().getName() + "计算,
12                                                     count = " + count);
13     }
14 }
```

编写代码在主线程中创建 5 个 MyThread 线程,并启动这些线程。具体代码如下:

```
1  public class Example8_6
2  {
3      public static void main(String[] args)
4      {
5          MyThread mythread = new MyThread();
6          Thread a = new Thread(mythread,"A");
7          Thread b = new Thread(mythread,"B");
8          Thread c = new Thread(mythread,"C");
9          Thread d = new Thread(mythread,"D");
10         Thread e = new Thread(mythread,"E");
11         a.start();
12         b.start();
13         c.start();
14         d.start();
15         e.start();
16     }
17 }
```

运行主线程将看到如下所示的效果。从运行结果中可以看到,线程 C 和 E 打印出的 count 值都是 1,说明 C 和 E 同时对 count 进行处理,产生了"非线程安全"问题,但我们想要得到的打印结果却不是重复的,而是依次递减的。

```
由 A 计算,count = 4
由 B 计算,count = 3
由 C 计算,count = 1
由 E 计算,count = 1
由 D 计算,count = 0
```

在某些 JVM 中,i-- 的操作要分成如下三步:

(1) 取得原有 i 值;

(2) 计算 i-1;

(3) 对 i 进行赋值。

在这三个步骤中,如果有多个线程同时访问,那么一定会出现非线程安全问题。因为当某一个线程正在操控这个 i 而还没操作完成时,很可能有另外一个线程进来"打扰"这次操作,对结果造成影响。如何来避免这种"打扰呢"?

8.4 Java 多线程的同步机制

如果程序是单线程的,就不必担心此线程在执行时被其他线程"打扰",就像在现实世界中,在一段时间内如果只能完成一件事情,不用担心做这件事情被其他事情打扰。但是,如果程序中同时使用多线程,就像现实中的"两个人同时通过一扇门",这时就需要控制,否则容易引起阻塞。

为了处理这种共享资源竞争,可以使用同步机制。所谓同步机制,指的是两个线程同时作用在一个对象上,应该保持对象数据的统一性和整体性。Java 提供 synchronized 关键字,为防止资源冲突提供了内置支持。共享资源一般是文件、输入/输出端口或打印机。

在一个类中,用 synchronized 关键字声明的方法为同步方法。格式如下:

```
class 类名
{
    public synchronized 类型名称 方法名称()
    {
        //代码
    }
}
```

Java 有一个专门负责管理线程对象中同步方法访问的工具——同步模型监视器,它的原理是为每个具有同步代码的对象准备唯一的一把"锁"。当多个线程访问对象时,只有取得"锁"的线程才能进入同步方法,其他访问共享对象的线程停留在对象中等待。

synchronized 不仅可以用到同步方法,也可以用到同步块。对于同步块,synchronized 获取的是参数中的对象锁。格式如下:

```
synchronized(obj)
{
    //代码
}
```

当线程执行到这里的同步块时,它必须获取 obj 这个对象的"锁"才能执行同步块,否则线程只能等待获得"锁"。必须注意的是,obj 对象的作用范围不同,控制情况也不尽相同。如下代码为简单的一种使用:

```java
public void method()
{
    Object obj = new Object();
    synchronized(obj)
    {
        //代码
    }
}
```

上述代码创建局部对象 obj,由于每一个线程执行到 Object obj=new Object() 时都会产生一个 obj 对象,每一个线程都可以获得新创建的 obj 对象的锁而不会相互影响,因此这段程序不会起到同步作用。如果同步的是类的属性,情况就不同了。

【例 8-7】 为了防止发生非线程安全问题,应继续使用同步方法。在这里使用同步块完成,修改后的代码如下:

```java
1  public class MyThread extends Thread
2  {
3      private int i = 5;
4      @Override
5      public void run()
6      {
7          //使用同步锁,锁住当前线程
8          synchronized (this)
9          {
10             System.out.println("当前线程名称
11                 = " + Thread.currentThread().getName() + ",i = " + (i--));
12         }
13     }
14 }
```

再次运行将看到如下所示的正常的运行效果:

```
当前线程名称 = Thread-1,i = 5
当前线程名称 = Thread-2,i = 4
当前线程名称 = Thread-3,i = 3
当前线程名称 = Thread-4,i = 2
当前线程名称 = Thread-5,i = 1
```

8.5 本章小结

如果一次只完成一件事情,很容易实现。但是现实生活中很多事情都是同时进行的,所以

在 Java 中为了模拟这种状态,引入了线程机制。简单地说,当程序同时完成多件事情时,就是所谓的多线程程序。多线程的应用相当广泛,使用多线程可以创建窗口程序、网络程序等。本章由浅入深地介绍多线程,除了介绍其概念之外,还结合实例让读者了解如何使程序具有多线程功能。

本章习题

一、选择题

1. 编写线程类,要继承的父类是(   )
   A. Object   B. Runnable   C. Thread   D. Exception

2. 以下哪个最准确描述 synchronized 关键字?(   )
   A. 允许两线程并行运行,而且互相通信。
   B. 保证在某时刻只有一个线程可以访问方法或对象。
   C. 保证允许两个过更多处理同时开始和结束。
   D. 保证两个或更多线程同时开始和结束。

3. 下列哪一个类实现了线程组?(   )
   A. java.lang.Object   B. java.lang.ThreadGroup
   C. java.lang.Thread   D. java.lang.Runnable

4. 下列说法中错误的是(   )
   A. 线程就是程序
   B. 线程是一个程序的单个执行流
   C. 多线程是指一个程序的多个执行流
   D. 多线程用于实现并发

5. 下列哪个方法可以使线程从运行状态进入其他阻塞状态(   )
   A. sleep   B. wait   C. yield   D. start

二、简答题

1. java 中有几种方法可以实现一个线程?请举例说明。
2. sleep()和 wait()有什么区别?

第 9 章 Java 网络编程

本章学习要点

- 了解常见的网络协议；
- 理解套接字和端口；
- 掌握 InetAddress 类的用法；
- 掌握 ServerSocket 和 Socket 的用法；
- 掌握 DatagramPacket 和 DatagramSocket 类的用法；
- 学会简单 TCP 程序的编写；
- 学会 UDP 程序的编写；
- 掌握 URL 类和 URLConnection 的用法。

9.1 Java 网络编程基础知识

网络编程的目的就是直接或间接地通过网络协议与其他计算机进行通信。在 Java 语言中包含网络编程所需要的各种类，编程人员只需要创建这些类的对象，调用相应的方法，就可以进行网络应用程序的编写。

要进行网络程序的编写，编程人员需要对网络传输协议、端口和套接字等方面的知识有一定的了解。下面就从这几个方面对网络编程的基础进行介绍。

1. 网络分类

在了解网络编程之前，首先带领读者对计算机网络进行一些简单的了解。计算机网络是指将有独立功能的多台计算机，通过通信设备线路连接起来，在网络软件的支持下，实现彼此之间资源共享和数据通信的整个系统。

按照地理范围主要将网络分为局域网、城域网、广域网和因特网。

(1) 局域网(LocalArea Network,LAN)，是一种在小范围内实现的计算机网络，一般在一个建筑物内或者一个工厂、一个事业单位内部独有，范围较小。

(2) 城域网(Metropolitan Area Network,MAN)，一般是一个城市内部组建的计算机信息网络，提供全市的信息服务。

(3) 广域网(Wide Area Network,WAN)，它的范围很广，可以分布在一个省、一个国家或者几个国家。

(4) 因特网(Internet)则是由无数的 LAN 和 WAN 组成的。

2. 网络编程模型

在网络通信中主要有两种模式的通信方式：一种是客户机/服务器(Client/Server)模式，简称为 C/S 模式；另一种是浏览器/服务器(Browser/Server)模式，简称 B/S 模式。下面主要针对这两种模式进行介绍。

1. Client/Server 模式

图 9-1 所示为客户机、服务器以及网络三者之间的关系图，使用这种模式的程序很多，如很多读者喜欢玩的网络游戏，需要在本机上安装一个客户端，服务器运行在游戏开发公司的机房。

图 9-1　C/S 模型

使用 C/S 模式的程序，在开发时需要分别针对客户端和服务器端进行专门开发。这种开发模式的优势在于由于客户端是专门开发的，表现力会更强。缺点就是通用性差，也就是说一种程序的客户端只能和对应的服务器端进行通信，不能和其他的服务器端进行通信，在实际维护中，也需要维护专门的客户端和服务器端，维护的压力较大。

2. Browser/Server 模式

对于很多程序，运行时不需要专门的客户端，而是使用通用的客户端，如使用浏览器。用户使用浏览器作为客户端的这种模式叫作浏览器/服务器模式。使用这种模式开发程序时只需要开发服务器端即可，开发的压力较小，不需要维护客户端。但是对浏览器的限制比较大，表现力不强。

9.1.1　网络协议

网络协议是网络上所有设备（网络服务器、计算机及交换机、路由器、防火墙等）之间通信规则的集合，它规定了通信时信息必须采用的格式和这些格式的意义。目前的网络协议有很多种，在这里简单介绍几种常用的网络协议。

1. IP 协议

IP 是英文 Internet Protocol（网络之间互联的协议）的缩写，中文简称为网协，也就是为计算机网络相互连接进行通信而设计的协议。在 Internet 中，它是能使连接到网上的所有计算机网络实现相互通信的一套规则，规定了计算机在 Internet 上进行通信时应当遵守的规则。任何厂家生产的计算机系统只有遵守 IP 协议才可以与 Internet 互联。

Internet 网络中采用的协议是 TCP/IP 协议，其全称是 Transmission Control Protocol/Internet Protocol。Internet 依靠 TCP/IP 协议在全球范围内实现不同硬件结构、不同操作系统、不同网络的互联。

对网络编程来说，主要是计算机和计算机之间的通信，首要的问题就是如何找到网络上数以亿计的计算机。为了解决这个问题，网络中的每个设备都会有唯一的数字标识，也就是 IP 地址。

在计算机网络中，现在命名 IP 地址的规定是 IPv4 协议，该协议规定每个 IP 地址由 4 个 0~255 的数字组成。每台接入网络的计算机都拥有唯一的 IP 地址，这个地址可能是固定的，也可能是动态的。

目前，IETF（Internet Engineering Task Force，互联网工程任务组）设计的用于替代现行版本 IP 协议（IPv4）的下一代协议 IPv6，采用 6 字节来表示 IP 地址，但目前还没有开始使用。

TCP/IP 定义了电子设备如何连入 Internet 以及数据如何在它们之间传输的标准。协议采用 4 层的层级结构,分别是应用层、传输层、网络层和网络接口层。每一层都呼叫它的下一层所提供的网络来完成自己的需求。

TCP 负责发现传输的问题,一有问题就发出信号要求重新传输,直到所有数据安全正确地传输到目的地,而 IP 是给 Internet 的每一台电脑规定一个地址。TCP/IP 层次结构图如图 9-2 所示。

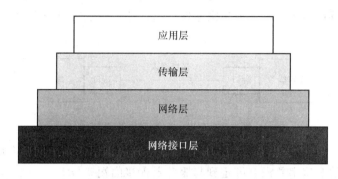

图 9-2　TCP/IP 层次结构

2. TCP 与 UDP 协议

尽管 TCP/IP 协议从名称上看只包括 TCP 这个协议名,但是在 TCP/IP 协议的传输层同时存在 TCP(Transmission Control Protocol,传输控制协议)和 UDP(User Datagram Protocol,用户数据报协议)两个协议。

在网络通信中,TCP 协议类似于使用手机打电话,可以保证把信息传递给别人;而 UDP 协议类似于发短信,接收人有可能接收不到传递的信息。

在网络通信中使用 TCP 的方式需要建立专门的虚拟连接,然后进行可靠的数据连接,如果数据发送失败,客户端会自动重发该数据。而使用 UDP 方式不需要建立专门的虚拟连接,传输也不是很可靠,如果发送失败则客户端无法获得。

TCP 协议是一种以固定连线为基础的协议,它提供两台计算机之间可靠的数据传送。而 UDP 无连接通信协议,它不保证可靠数据的传输,但能够向若干目标发送数据以及接收来自若干源的数据。

对于一些重要的数据,一般使用 TCP 方式进行数据传输,而大量的非核心数据则通过 UDP 方式进行传递。使用 TCP 方式传递的速度稍微慢一点,而且传输时产生的数据量会比 UDP 大一点。

9.1.2　套接字和端口

在网络上,很多应用程序都是采用客户端/服务器(C/S)的模式,实现网络通信必须将两台计算机连接起来建立一个双向的通信链路,这个双向通信链路的每一端称之为一个套接字(Socket)。

一台服务器上可能提供多种服务,使用 IP 地址只能定位到某一台计算机,却不能准确地连接到想要连接的服务器。通常使用一个 0~65 535 的整数来标识该机器上的某个服务,这个整数就是端口号(Port)。端口号并不是指计算机上实际存在的物理位置,而是一种软件上的抽象。

端口号主要分为以下两类：

（1）由 Internet 名字和号码指派公司 ICANN 分配给一些常用的应用层程序固定使用的熟知端口，其值是 0~1 023。例如，HTTP 服务一般使用 80 端口，FTP 服务使用 21 端口。

（2）一般端口用来随时分配给请求通信的客户进程。

运行在一台特定机器上的某个服务器（如 FTP 服务器）都有一个套接字绑定在该服务器上，服务器只是等待和监听客户的连接请求。客户端客户需要知道服务器的主机名和端口号。

为了建立连接请求，客户机试图与服务器上指定端口号上的服务进行连接，这个请求过程如图 9-3 所示。

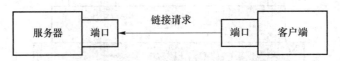

图 9-3 客户向服务器发送请求

如果服务器接收到客户端的请求，就会创建一个套接字，客户端使用该套接字与服务器通信，但此时客户端的套接字并没有绑定到与服务器连接的端口号上。

9.2 Java InetAddress 类及其常用方法

Internet 上的主机有两种方式表示地址，分别为域名和 IP 地址。java.net 包中的 InetAddress 类对象包含一个 Internet 主机地址的域名和 IP 地址。

InetAddress 类提供了操作 IP 地址的各种方法。该类本身没有构造方法，而是通过调用相关静态方法获取实例。InetAddress 类中的常用方法如表 9-1 所示。

表 9-1 InetAddress 类的常用方法

方法名称	说　明
boolean equals(Object obj)	将此对象与指定对象比较
byte[] getAddress()	返回此 InetAddress 对象的原始 IP 地址
static InetAddress[] getAHByName(String host)	在给定主机名的情况下，根据系统上配置的名称，服务器返回其 IP 地址所组成的数组
static InetAddress getByAddress(byte[] addr)	在给定原始 IP 地址的情况下，返回 InetAddress 对象
static InetAddress getByAddress(String host)	在给定主机名的情况下确定主机的 IP 地址
String getCanonicalHostName()	获取此 IP 地址的完全限定域名
String getHostAddress()	返回 IP 地址字符串（以文本表现形式）
String getHostName()	返回此 IP 地址的主机名
static InetAdderss getLocalHost()	返回本地主机

【例 9-1】 编写程序练习 InetAddress 类的基本使用方法：

创建一个类。在 main() 方法中创建一个 InetAddress 对象，调用 getByName() 方法并传递参数"www.qq.com"输出此对象的 IP 地址字符串和主机名，代码如下所示：

```java
1  import java.net.InetAddress;
2  import java.net.UnknownHostException;
3
4  public class Example9_1 {
5      public static void main(String[]args)
6      {
7          try
8          {
9              //获取互联网上的地址
10             InetAddress ia1 = InetAddress.getByName("www.qq.com");
11             //获取主机名称,如有域名为其域名
12             System.out.println(ia1.getHostName());
13             System.out.println(ia1.getHostAddress());//获取 IP 地址
14             //获取指定 IP 地址
15             InetAddress ia2 = InetAddress.getByName("61.135.169.105");
16             //没有域名,则默认为 IP 地址
17             System.out.println(ia2.getHostName());
18             System.out.println(ia2.getHostAddress());//获取 IP 地址
19             InetAddress ia3 = InetAddress.getLocalHost();
20             //获取本机主机名
21             System.out.println("主机名:" + ia3.getHostName());
22             //获取本机 IP 地址
23             System.out.println("本地 ip 地址:" + ia3.getHostAddress());
24         }
25         catch(UnknownHostException e)
26         {
27             e.printStackTrace();
28         }
29     }
30 }
```

执行程序,运行结果如下所示:

```
www.qq.com
123.151.137.18
61.135.169.105
61.135.169.105
主机名:WQ-20161107KCPN
本地 ip 地址:192.168.0.102
```

注意:在上述代码中包含互联网的地址,所以运行时需要连网,否则会出现异常。

9.3 Java TCP 通信

TCP 网络程序是指利用 Socket 编写的通信程序。利用 TCP 协议进行通信的两个应用程序是有主次之分的,一个是服务器程序,一个是客户端程序,两者的功能和编写方法不太一样。其中,ServerSocket 类表示 Socket 服务器端,Socket 类表示 Socket 客户端,两者之间的交互过程如下:

服务器端创建一个 ServerSocket(服务器端套接字),调用 accept() 方法等待客户端来连接。

客户端程序创建一个 Socket,请求与服务器建立连接。

服务器接收客户的连接请求,同时创建一个新的 Socket 与客户建立连接,服务器继续等待新的请求。

9.3.1 ServerSocket 类

ServerSocket 类是与 Socket 类相对应的用于表示通信双方中的服务器端,用于在服务器上开一个端口,被动地等待数据(使用 accept() 方法)并建立连接进行数据交互。

服务器套接字一次可以与一个套接字连接,如果多台客户端同时提出连接请求,服务器套接字会将请求连接的客户端存入队列中,然后从中取出一个套接字与服务器新建的套接字连接起来。若请求连接大于最大容纳数,则多出的连接请求被拒绝;默认的队列大小是 50。

ServerSocket 的构造方法如表 9-2 所示。

表 9-2 ServerSocket 的构造方法

构造方法	说 明
ServerSocket()	无参构造方法
ServerSocket(int port)	创建绑定到特定端口的服务器套接字
ServerSocket(int port, int backlog)	使用指定的 backlog 创建服务器套接字并将其绑定到指定的本地端口
ServerSocket(int port, int backlog, InetAddress bindAddr)	使用指定的端口、监听 backlog 和要绑定到本地的 IP 地址创建服务器

在上述方法的参数中,port 指的是本地 TCP 端口,backlog 指的是监听 backlog,bindAddr 指的是要将服务器绑定到的 InetAddress。

创建 ServerSocket 时可能会抛出 IOException 异常,所以要进行异常捕捉。如下所示为使用 8111 端口的 ServerSocket 实例代码:

```
try
{
    ServerSocket serverSocket = new ServerSocket(8111);
}
catch(IOException e)
{
    e.printStackTrace();
}
```

ServerSocket 的常用方法如表 9-3 所示。

表 9-3 ServerSocket 常用方法

常用方法	说 明
Socket accept()	监听并接收到此套接字的连接
void bind(SocketAddress endpoint)	将 ServerSocket 绑定到指定地址(IP 地址和端口号)
void close()	关闭此套接字
InetAddress getInetAddress()	返回此服务器套接字的本地地址
int getLocalPort()	返回此套接字监听的端口
SocketAddress getLocalSoclcetAddress()	返回此套接字绑定的端口的地址,如果尚未绑定则返回 null
int getReceiveBufferSize()	获取此 ServerSocket 的 SO_RCVBUF 选项的值,该值是从 ServerSocket 接收的套接字的建议缓冲区大小

调用 accept()方法会返回一个和客户端 Socket 对象相连接的 Socket 对象,服务器端的 Socket 对象使用 getOutputStream()方法获得的输出流将指定客户端 Socket 对象使用 getInputStream() 方法获得那个输入流。同样,服务器端的 Socket 对象使用的 getInputStream()方法获得的输入流将指向客户端 Socket 对象使用的 get Output Stream() 方法获得的那个输出流。也就是说,当服务器向输出流写入信息时,客户端通过相应的输入流就能读取,反之同样如此。

【例 9-2】 了解上面的基础知识后,下面使用 ServerSocket 类在本机上创建一个使用端口 8888 的服务器端套接字,实例代码如下所示:

```
1  import java.io.IOException;
2  import java.net.ServerSocket;
3  import java.net.Socket;
4
5  public class Example9_2 {
6      public static void main(String[]args)
7      {
8          try
9          {
10             //在 8888 端口创建一个服务器端套接字
11             ServerSocket serverSocket = new ServerSocket(8888);
12             System.out.println("服务器端 Socket 创建成功");
13             while(true)
14             {
15                 System.out.println("等待客户端的连接请求");
16                 //等待客户端的连接请求
17                 Socket socket = serverSocket.accept();
18                 System.out.println("成功建立与客户端的连接");
19             }
20         }
```

```
21            catch(IOException e)
22            {
23                e.printStackTrace();
24            }
25        }
26 }
```

如上述代码所示,在成功建立 8888 端口的服务器端套接字之后,如果没有客户端的连接请求,则 accept()方法为空,所以不会输出"成功建立与客户端的连接",运行结果如下所示:

服务器端 Socket 创建成功
等待客户端的连接请求

9.3.2 Socket 类

Socket 类表示通信双方中的客户端,用于呼叫远端机器上的一个端口,主动向服务器端发送数据(当连接建立后也能接收数据)。下面简单介绍一下 Socket 类的构造方法和常用方法。Socket 的构造方法如表 9-4 所示。

表 9-4 Socket 构造方法

构造方法	说明
Socket(InetAddress address,int port)	创建一个流套接字并将其连接到指定 IP 地址的指定端口
Socket(InetAddress address,int port, InetAddress localAddr,int localPort)	创建一个套接字并将其连接到指定远程地址上的指定远程端口
Socket(String host,int port)	创建一个流套接字并将其连接到指定主机上的指定端口
Socket(String host,int port,InetAddress localAddr,int localPort)	创建一个套接字并将其连接到指定远程地址上的指定远程端口。Socket 会通过调用 bind() 函数来绑定提供的本地地址及端口

在上述方法的参数中,address 指的是远程地址,port 指的是远程端口,localAddr 指的是要将套接字绑定到的本地地址,localPort 指的是要将套接字绑定到的本地端口。Socket 类中的常用方法如表 9-5 所示。

表 9-5 Socket 的常用方法

方法名	说明
void bind(SocketAddress bindpoint)	将套接字绑定到本地地址
void close()	关闭此套接字
void connect(SocketAddress endpoint)	将此套接字连接到服务器
InetAddress getInetAddress()	返回套接字的连接地址
InetAddress getLocalAddress()	获取套接字绑定的本地地址
InputStream getInputStream()	返回此套接字的输入流
OutputStream getOutputStream()	返回此套接字的输出流
SocketAddress getLocalSocketAddress()	返回此套接字绑定的端点地址,如果尚未绑定则返回 null
SocketAddress getRemoteSocketAddress()	返回此套接字的连接的端点地址,如果尚未连接则返回 null
int getLoacalPort()	返回此套接字绑定的本地端口
intgetPort()	返回此套接字连接的远程端口

【例9-3】 编写TCP程序,包括一个客户端和一个服务器端。要求服务器端等待接收客户端发送的内容,然后将接收到的内容输出到控制台并做出反馈。

(1) 创建一个类作为客户端,首先在main()方法中定义一个Socket对象、一个OutputStream对象和一个InputStream对象并完成初始化。接着定义服务器端的IP地址和端口号,代码如下所示:

```
1  import java.io.IOException;
2  import java.io.InputStream;
3  import java.io.OutputStream;
4  import java.net.Socket;
5
6  public class MyClient {
7      public static void main(String[]args) {
8          Socket socket = null;
9          OutputStream out = null;
10         InputStream in = null;
11         String serverIP = "127.0.0.1";         //服务器端IP地址
12         int port = 5000;                       //服务器端端口号
13
14         try {
15             socket = new Socket(serverIP,port);    //建立连接
16             out = socket.getOutputStream();        //发送数据
17             out.write("我是客户端数据 ".getBytes());
18             Thread.sleep(1000);
19             byte[] b = new byte[1024];
20             in = socket.getInputStream();
21             int len = in.read(b);
22             System.out.println("服务器端的反馈为:" + new String(b,0,len));
23             in.close();
24             out.close();
25             socket.close();
26         } catch (IOException | InterruptedException e) {
27             e.printStackTrace();
28         }
29     }
30 }
```

创建一个类作为服务器端,编写main()方法,创建ServerSocket、Socket、InputStream、OutputStream以及端口号并初始化,代码如下所示:

```java
1  import java.io.IOException;
2  import java.io.InputStream;
3  import java.io.OutputStream;
4  import java.net.ServerSocket;
5  import java.net.Socket;
6
7  public class MyServer {
8      public static void main(String[]args) throws IOException {
9          ServerSocket ServerSocket = null;
10         Socket socket = null;
11         InputStream in = null;
12         OutputStream out = null;
13         int port = 5000;
14         ServerSocket = new ServerSocket(port);      //创建服务器套接字
15         System.out.println("服务器开启,等待连接...");
16         socket = ServerSocket.accept();      //获得连接
17         //接收客户端发送的内容
18         in = socket.getInputStream();
19         byte[] b = new byte[1024];
20         int len = in.read(b);
21         System.out.println("客户端发送的内容为:" + new String(b,0,len));
22         out = socket.getOutputStream();
23         out.write("我是服务器端".getBytes());
24         in.close();
25         out.close();
26         ServerSocket.close();
27         socket.close();
28     }
29 }
```

先运行服务器端程序,再运行客户端程序。运行结果如下所示。

服务器端运行结果:

服务器开启,等待连接...

客户端发送的内容为:我是客户端数据

客户端运行结果:

客户端的反馈为:我是服务器端

9.3.3 客户端与服务器端的简单通信

【例 9-4】 在了解 TCP 通信中 ServerSocket 类和 Socket 类的简单应用之后,本节将编写一个案例实现客户端向服务器发送信息,服务器读取客户端发送的信息,并将读取的数据写入到数据流中。

首先来看一下客户端的代码,如下所示:

```java
1  import java.io.BufferedReader;
2  import java.io.IOException;
3  import java.io.InputStreamReader;
4  import java.io.PrintWriter;
5  import java.net.Socket;
6
7  public class SocketClient
8  {
9      public static void main(String[] args)
10     {
11         Socket socket = null;
12         PrintWriter out = null;
13         BufferedReader in = null;
14         String serverIP = "127.0.0.1";    //服务器端ip地址
15         int port = 5000;        //服务器端端口号
16         try
17         {
18             socket = new Socket(serverIP, port);
19             in = new BufferedReader(new InputStreamReader(socket.getInputStream()));
20             out = new PrintWriter(socket.getOutputStream(), true);
21             while(true)
22             {
23                 int number = (int)(Math.random() * 10) + 1;
24                 System.out.println("客户端正在发送的内容为:" + number);
25                 out.println(number);
26                 Thread.sleep(2000);
27             }
28         }
29         catch(IOException | InterruptedException e)
30         {
31             // TODO 自动生成的 catch 块
32             e.printStackTrace();
33         }
34     }
35 }
```

如上述代码所示,客户端代码主要是使用 Socket 连接 IP 为 127.0.0.1(本机)的 5000 端口。在建立连接之后,将随机生成的数字使用 PrintWriter 类输出到套接字。休眠 2 秒后,再次发送随机数,如此循环。

再来看一个服务器端的代码,如下所示:

```java
1   import java.io.BufferedReader;
2   import java.io.IOException;
3   import java.io.InputStreamReader;
4   import java.net.ServerSocket;
5   import java.net.Socket;
6   public class SocketServer
7   {
8       public static void main(String[]args)
9       {
10          ServerSocket serverSocket = null;
11          Socket clientSocket = null;
12          BufferedReader in = null;
13          int port = 5000;
14          String str = null;
15          try
16          {
17              serverSocket = new ServerSocket(port);      //创建服务器套接字
18              System.out.println("服务器开启,等待连接...");
19              clientSocket = serverSocket.accept();// 获得链接
20              //接收客户端发送的内容
21              in = new BufferedReader(new
22              InputStreamReader(clientSocket.getInputStream()));
23              while(true)
24              {
25                  str = in.readLine();
26                  System.out.println("客户端发送的内容为:" + str);
27                  Thread.sleep(2000);
28              }
29          }
30          catch(IOException | InterruptedException e)
31          {
32              // TODO 自动生成的 catch 块
33              e.printStackTrace();
34          }
35      }
36  }
```

如上述代码所示,服务器端与客户端代码类似,首先使用 ServerSocket 在 IP 为 127.0.0.1(本机)的 5000 端口建立套接字监听。在 accept()方法接收到客户端的 Socket 实例之后调用 BufferedReader 类的 readLine()方法,从套接字中读取一行作为数据,再将它输出到控制台后休眠 2 秒。

要运行本案例,必须先执行服务器端程序,然后执行客户端程序。客户端每隔 2 秒向服务器发送一个数字,如下所示:

客户端正在发送的内容为:10
客户端正在发送的内容为:5
客户端正在发送的内容为:10
客户端正在发送的内容为:4
客户端正在发送的内容为:3

服务器端会将客户端发送的数据输出到控制台,如下所示:

服务器开启,等待连接...
客户端发送的内容为:7
客户端发送的内容为:2
客户端发送的内容为:10
客户端发送的内容为:5
客户端发送的内容为:10

9.3.4 传输对象数据

经过前面的学习,掌握了如何在服务器开始一个端口监听套接字,以及如何在客户端连接服务器,发送简单的数字。本次案例将实现如何在客户端发送一个对象到服务器端,服务器如何解析对象中的数据。

【例 9-5】 第一步是创建用于保存数据的类。这里使用的 User 类是一个普通的类,包含 name 和 password 两个成员。由于需要序列化这个对象以便在网络上传输,所以需要实现 java.io.Serializable 接口。

User 类的代码如下:

```java
package ch16;
public class User implements java.io.Serializable
{
    private String name;
    private String password;
    public User(String name,String password)
    {
        this.name = name;
        this.password = password;
    }
    public String getName()
    {
        return name;
    }
    public void setName(String name)
    {
        this.name = name;
```

```
    }
    public String getPassword()
    {
        return password;
    }
    public void setPassword(String password)
    {
        this.password = password;
    }
}
```

接下来编写服务器端的代码。服务器的作用是接收客户端发送过来的数据,将数据转换成 User 对象并输出成员信息,然后对 User 对象进行修改再输出给客户端。

服务器端 MyServer 类的实现代码如下:

```
1  import java.io.IOException;
2  import java.io.ObjectInputStream;
3  import java.io.ObjectOutputStream;
4  import java.net.ServerSocket;
5  import java.net.Socket;
6
7  public class MyServer
8  {
9      public static void main(String[]args) throws IOException
10     {
11         //监听 10000 端口
12         ServerSocket server = new ServerSocket(10000);
13         while(true)
14         {
15             //接收客户端的连接
16             Socket socket = server.accept();
17             //调用客户端的数据处理方法
18             invoke(socket);
19         }
20     }
21     private static void invoke(final Socket socket)
22     throws IOException
23     {
24         //开启一个新线程
25         new Thread(new Runnable()
26         {
27             public void run()
28             {
```

```java
29                    //创建输入流对象
30                    ObjectInputStream is = null;
31                    //创建输出流对象
32                    ObjectOutputStream os = null;
33                    try
34                    {
35                        is = new ObjectInputStream(socket.getInputStream());
36                        os =
37                            new ObjectOutputStream(socket.getOutputStream());
38                        //读取一个对象
39                        Object obj = is.readObject();
40                        //将对象转换为 User 类型
41                        User user = (User) obj;
42                        //在服务器端输出 name 成员和 password 成员信息
43                        System.out.println("user:
44                            " + user.getName() + "/" + user.getPassword());
45                        //修改当前对象的 name 成员数据
46                        user.setName(user.getName() + "_new");
47                        //修改当前对象的 password 对象数据
48                        user.setPassword(user.getPassword() + "_new");
49.                       //将修改后的对象输出给客户端
50                        os.writeObject(user);
51                        os.flush();
52                    }
53                    catch(IOException|ClassNotFoundException ex)
54                    {
55                        ex.printStackTrace();
56                    }
57                    finally
58                    {
59                        try
60                        {
61                            //关闭输入流
62                            is.close();
63                            //关闭输出流
64                            os.close();
65                            //关闭客户端
66                            socket.close();
67                        }
68                        catch(Exception ex){}
69                    }
70                }
71        }).start();
72    }
73 }
```

如上述代码所示,在服务器端分别使用 ObjectInputStream 和 ObjectOutputStream 来接收和发送 socket 中的 InputStream 和 OutputStream,然后转换 User 对象。

客户端需要连接服务器,接收服务器输出的数据并解析,同时需要创建 User 对象并发给服务器。客户端 MyClient 类的实现代码如下:

```java
1   import java.io.IOException;
2   import java.io.ObjectInputStream;
3   import java.io.ObjectOutputStream;
4   import java.net.Socket;
5
6   public class MyClient
7   {
8       public static void main(String[]args) throws Exception
9       {
10          //循环 100 次
11          for(int i = 0;i<100;i++)
12          {
13              //创建客户端 Socket
14              Socket socket = null;
15              //创建输入流
16              ObjectOutputStream os = null;
17              //创建输出流
18              ObjectInputStream is = null;
19              try
20              {
21                  //连接服务器
22                  socket = new Socket("localhost",10000);
23                  //接收输出流中的数据
24                  os = new ObjectOutputStream(socket.getOutputStream());
25                  //创建一个 User 对象
26                  User user = new User("user_" + i,"password_" + i);
27                  //将 User 对象写入输出流
28                  os.writeObject(user);
29                  os.flush();
30                  //接收输入流中的数据
31                  is = new ObjectInputStream(socket.getInputStream());
32                  //读取输入流中的数据
33                  Object obj = is.readObject();
34                  //如果数据不空则转换成 User 对象,然后输出成员信息
35                  if(obj!= null)
36                  {
37                      user = (User) obj;
38                      System.out.println("user:
```

```
39              " + user.getName() + "/" + user.getPassword());
40          }
41        }
42        catch(IOException ex)
43        {
44            ex.printStackTrace();
45        }
46        finally
47        {
48            try
49            {
50                //关闭输入流
51                is.close();
52                //关闭输出流
53                os.close();
54                //关闭客户端
55                socket.close();
56            }
57            catch(Exception ex) {}
58        }
59      }
60  }
61 }
```

仔细观察上述代码可以发现,客户端与服务器端的代码类似,同样使用 ObjectOutputStream 和 ObjectInputStream 来处理数据。

先运行服务器端程序 MyServer,再运行客户端程序 MyClient。此时将在客户端看到下所示的输出:

```
user:user_86_nevj/password_86_new
user:user_87_new/password_87_new
user:user_88_new/password_88_new
user:user_89_new/password_89_new
user:user_90_new/password_90_new
user:user_91_new/password_91_new
user:user_92_new/password_92_new
user:user_93_new/password_93_new
user:user_94_new/password_94_new
user:user_95_new/password_95_new
user:user_96_new/password_96_new
user:user_97_new/password_97_new
user:user_98_new/password_98_new
user:user_99_new/password_99_new
```

服务器端的输出如下所示：

```
user:user_86/password_86
user:user_87/password_87
user:user_88/password_88
user:user_89/password_89
user:user_90/password_90
user:user_91/password_91
user:user_92/password_92
user:user_93/password_93
user:user_94/password_94
user:user_95/password_95
user:user_96/password_96
user:user_97/password_97
user:user_98/password_98
user:user_99/password_99
```

9.4 Java UDP 通信

在 TCP/IP 协议的传输层除了一个 TCP 协议之外，还有一个 UDP 协议。UDP 协议是用户数据报协议的简称，也用于网络数据的传输。虽然 UDP 协议是一种不太可靠的协议，但有时在需要较快地接收数据并且可以忍受较小错误的情况下，UDP 就会表现出更大的优势。

下面是在 Java 中使用 UDP 协议发送数据的步骤：
（1）使用 DatagramSocket() 创建一个数据包套接字；
（2）使用 DatagramPacket() 创建要发送的数据包；
（3）使用 DatagramSocket 类的 send() 方法发送数据包。

接收 UDP 数据包的步骤如下：
（1）使用 DatagramSocket 创建数据包套接字，并将其绑定到指定的端口；
（2）使用 DatagramPacket 创建字节数组来接收数据包；
（3）使用 DatagramPacket 类的 receive() 方法接收 UDP 包。

9.4.1 DatagramPacket 类

java.net 包中的 DatagramPacket 类用来表示数据报包，数据报包用来实现无连接包投递服务。每条报文仅根据该包中包含的信息从一台机器路由到另一台机器。从一台机器发送到另一台机器的多个包可能选择不同的路由，也可能按不同的顺序到达。Datagram Packet 的构造方法如表 9-6 所示。

表 9-6 DatagramPacket 的构造方法

构造方法	说明
DatagramPacket(byte[] buf,int length)	构造 DatagramPacket,用来接收长度为 length 的数据包
DatagramPacket(byte[] buf, int offset, int length)	构造 DatagramPacket,用来接收长度为 length 的包,在缓冲区中指定了偏移量
DatagramPacket(byte[] buf,int length, InetAddress address,int port)	构造 DatagramPacket,用来将长度为 length 的包发送到指定主机上的指定端口
DatagramPacket(byte[] buf,int length, SocketAddress address)	构造数据报包,用来将长度为 length 的包发送到指定主机上的指定端口
DatagramPacket(byte[] buf,int offset, int length,InetAddress address,int port)	构造 DatagramPacket,用来将长度为 length 偏移量为 offset 的包发送到指定主机上的指定端口
DatagramPacket(byte[] buf,int offset, int length,SocketAddress address)	构造数据报包,用来将长度为 length、偏移量为 offset 的包发送到指定主机上的指定端口

DatagramPacket 的常用方法如表 9-7 所示。

表 9-7 DatagramPacket 的常用方法

方　　法	说　　明
InetAddress getAddress()	返回某台机器的 IP 地址,此数据报将要发往该机器或者从该机器接收
byte[] getData()	返回数据缓冲区
int getLength()	返回将要发送或者接收的数据的长度
int getOffset()	返回将要发送或者接收的数据的偏移量
int getPort()	返回某台远程主机的端口号,此数据报将要发往该主机或者从该主机接收
getSocketAddress()	获取要将此包发送或者发出此数据报的远程主机的 SocketAddress(通常为 IP 地址＋端口号)
void setAddress(InetAddress addr)	设置要将此数据报发往的目的机器的 IP 地址
void setData(byte[] buf)	为此包设置数据缓冲区
void setData(byte[] buf,int offset, int length)	为此包设置数据缓冲区
void setLength(int length)	为此包设置长度
void setPort(int port)	设置要将此数据报发往的远程主机的端口号
void setSocketAddress (SocketAddress address)	设置要将此数据报发往的远程主机的 SocketAddress(通常为 IP 地址＋端口号)

9.4.2 DatagramSocket 类

DatagramSocket 类用于表示发送和接收数据报包的套接字。数据报包套接字是包投递服务的发送或接收点。每个在数据报包套接字上发送或接收的包都是单独编址和路由的。从一台机器发送到另一台机器的多个包可能选择不同的路由,也可能按不同的顺序到达。

DatagramSocket 类的常用构造方法如表 9-8 所示。

表 9-8 DatagramSocket 的构造方法

构造方法	说明
DatagramSocket()	构造数据报包套接字并将其绑定到本地主机上任何可用的端口
DatagramSocket(int port)	创建数据报包套接字并将其绑定到本地主机上的指定端口
DatagramSocket(int port,InetAddress addr)	创建数据报包套接字,将其绑定到指定的本地地址
DatagramSocket(SocketAddress bindaddr)	创建数据报包套接字,将其绑定到指定的本地套接字地址

DatagramSocket 类的常用方法如表 9-9 所示。

表 9-9 DatagramSocket 的常用方法

方法	说明
void bind(SocketAddress addr)	将此 DatagramSocket 绑定到特定的地址和端口
void close()	关闭此数据报包套接字
void connect(InetAddress address,int port)	将套接字连接到此套接字的远程地址
void connect(SocketAddress addr)	将此套接子连接到远程套接子地址(IP 地址＋端口号)
void disconnect()	断开套接字的连接
InetAddress getInetAddress()	返回此套接字连接的地址
InetAddress getLocalAddress()	获取套接字绑定的本地地址
int getLocalPort()	返回此套接字绑定的本地主机上的端口号
int getPort()	返回此套接字的端口

【例 9-6】 编写 UDP 程序,要求客户端程序可以向服务器端发送多条数据,服务器端程序可以接收客户端发送的多条数据并将其信息输出在控制台,主要步骤如下所示:

(1) 创建一个类作为客户端,在 main() 方法定义一个 DatagramSocket 对象和一个 DatagramPacket 对象并初始化为 null;然后定义一个 InetAddress 对象和一个端口号并分别进行初始化,代码如下所示:

```
1  import java.io.IOException;
2  import java.net.*;
3
4  public class UDPClient{
5      public static void main(String[] args)
6      {
7          int port = 3021;
8          DatagramSocket ds = null;
9          DatagramPacket dpSend = null;
10         try{
11             InetAddress ia = InetAddress.getByName("127.0.0.1");
12             ds = new DatagramSocket();
13             for(int i = 0;i<5;i++)
14             {
15                 byte[] data = ("我是 UDP 客户端" + i).getBytes();
16                 dpSend = new DatagramPacket(data,data.length,ia,port);
```

```
17                    ds.send(dpSend);
18                    Thread.sleep(1000);
19                }
20                ds.close();
21
22            } catch (UnknownHostException | SocketException e) {
23                e.printStackTrace();
24            } catch (InterruptedException e) {
25                e.printStackTrace();
26            } catch (IOException e) {
27                e.printStackTrace();
28            }
29
30     }
31 }
```

（2）创建一个类作为服务器端，在 main()方法中定义一个 DatagramSocket 对象和一个 DatagramPacket 对象并初始化为 null，然后定义一个端口号，代码如下所示：

```
1  import java.io.IOException;
2  import java.net.DatagramPacket;
3  import java.net.DatagramSocket;
4  import java.net.SocketException;
5  public class UDPServer {
6      public static void main(String[] args)
7      {
8          DatagramSocket ds = null;
9          DatagramPacket dpReceive = null;
10         int port = 3021;
11         try
12         {
13             ds = new DatagramSocket(port);
14             System.out.println("UDP 服务器已启动。。。");
15             byte[] b = new byte[1024];
16             while(ds.isClosed() == false)
17             {
18                 dpReceive = new DatagramPacket(b, b.length);
19                 try
20                 {
21                     ds.receive(dpReceive);
22                     byte[] Data = dpReceive.getData();
23                     int len = Data.length;
24                     System.out.println("UDP 客户端发送的内容是：
```

```
25                                             " + new String(Data, 0, len).trim());
26                         System.out.println("UDP 客户端 IP:" + dpReceive.getAddress());
27                         System.out.println("UDP 客户端端口:" + dpReceive.getPort());
28                     }
29                     catch(IOException e)
30                     {
31                         e.printStackTrace();
32                     }
33                 }
34             }
35             catch(SocketException e1)
36             {
37                 // TODO 自动生成的 catch 块
38                 e1.printStackTrace();
39             }
40         }
41 }
```

先执行服务端程序,然后执行客户端程序,输出如下所示:

```
UDP 客户端发送的内容是:我是 UDP 客户端 0
UDP 客户端 IP:/127.0.0.1
UDP 客户端端口:53472
UDP 客户端发送的内容是:我是 UDP 客户端 1
UDP 客户端 IP:/127.0.0.1
UDP 客户端端口:53472
UDP 客户端发送的内容是:我是 UDP 客户端 2
UDP 客户端 IP:/127.0.0.1
UDP 客户端端口:53472
UDP 客户端发送的内容是:我是 UDP 客户端 3
UDP 客户端 IP:/127.0.0.1
UDP 客户端端口:53472
UDP 客户端发送的内容是:我是 UDP 客户端 4
UDP 客户端 IP:/127.0.0.1
UDP 客户端端口:53472
```

9.5 本章小结

随着互联网的发展趋势,大量的网络应用程序涌现出来,使得网络编程技术得到了很好的发展。网络编程就是在两个或者两个以上的设备(如计算机)之间传输数据,编程人员所做的事情就是把数据发送到指定位置或者接收到指定的数据,这就是狭义的网络编程。

在 Java 语言中设计了一些 API 来专门实现数据发送和接收等功能,只需要编程人员调用即可。要进行网络编程就必须对网络协议、端口和套接字等知识有所了解,本章就是从这几方面对网络编程的应用进行的简单介绍。

本 章 习 题

一、选择题

1. Java Socket 如何获取本地 IP 地址？（ ）
   A. getInetAddress()   B. getLocalAddress()
   C. getReuseAddress()   D. getLocalPort()

2. 为了获取远程主机的文件内容,当创建 URL 对象后,需要使用哪个方法获取信息？（ ）
   A. getPort()   B. getHost()
   C. openStream()   D. openConnection()

3. Java 程序中,使用 TCP 套接字编写服务端程序的套接字类是（ ）
   A. Socket   B. ServerSocket
   C. DatagramSocket   D. DatagramPacket

4. ServerSocket 的监听方法 accept() 的返回值类型是（ ）
   A. void   B. Object   C. Socket   D. DatagramSocket

5. ServerSocket 的 getInetAddress() 的返回值类型（ ）
   A. Socket   B. ServerSocket C. InetAddress D. URL

6. 当用客户端套接字 Socket 创建对象时,需要指定（ ）
   A. 服务器主机名称和端口   B. 服务器端口和文件
   C. 服务器名称和文件   D. 服务器地址和文件

二、简答题

1. 网络通信协议是什么？
2. TCP 协议和 UDP 协议有什么区别？
3. Socket 类和 ServerSocket 类各有什么作用？

附录　习题答案

第 1 章

一、选择题
1～5 CDCBB　6～10 CBCCA　11～13 DBB
二、简答题
略。
三、编程题
略。

第 2 章

一、选择题
1～5 CACCD　6～10 BDDDD　11～16 DDCADC
二、简答题
略。
三、编程题
略。

第 3 章

一、选择题
1～5 ADDBC　6～10 CBBDB 11～14 ABCC
二、简答题
略。
三、编程题
略。

第 4 章

一、选择题
1～5 BDACA　6～10 CDBCA 11 D

第 5 章

一、选择题
1～5 CABCC

第 6 章

一、选择题
1～5 ABBAC　6～9 DCDC
二、简答题
略。

三、编程题
略。

第7章

一、选择题
1～5 AADDC　　6～10 ABADA

二、简答题
略。

三、编程题
略。

第8章

一、选择题
1～5 CBBAA

第9章

一、选择题
1～5 BDBCC　　6 A

二、简答题
略。

参 考 文 献

[1] 彭郑,何怀文,姚淮锐.Java程序开发基础[M].北京:清华大学出版社,2019.
[2] 赵辉,郑山红,王璐.Java程序设计教程[M].北京:中国水利水电出版社,2016.
[3] 林信良.Java学习笔记[M].北京:清华大学出版社,2018.
[4] 黑马程序员.Java基础案例教程[M].北京:人民邮电出版社,2017.
[5] 李凌霞.Java程序设计习题与实训教程[M].北京:清华大学出版社,2019.
[6] 胡光.Java语言程序设计教程[M].北京:中国铁道出版社,2018.
[7] 杨玲玲,王志海.程序设计基础(Java版)[M].北京:北京邮电大学出版社,2016.